有限要素法による電磁界シミュレーション

マイクロ波回路・アンテナ設計・EMC対策

著者：平野 拓一

まえがき

コンピュータの目覚ましい発展によって，いろいろな分野でシミュレーション技術が活用されるようになった。シミュレーションは，現実の物理現象を数式でモデル化し，コンピュータの計算で結果を予測する技術である。モデル化ができていないと，シミュレーションは行えない。また，モデル化できても，現実的なハードウェア性能や時間でなければ，使い物にならない。その意味で，コンピュータの性能が低かった時代にはあまり使われることがなかったが，現在では，多くの分野において実験の代替としても機能するようになっている。

このようにコンピュータとシミュレータの性能が上がりシミュレーションが実用的になるにつれ，ユーザー数が多くなるが，シミュレータを使うには必要最低限の知識が必要になる。そこで本書では，有限要素法で電磁界シミュレーションを行う際に必要な知識についてまとめることを目指した。シミュレータは値を入力して実行すれば何らかの結果を出すものであるが，ユーザーが行いたかった状況をシミュレートできたかどうかは，人間が判断しなければならない。したがって，電磁界の基礎知識がなければ，どんなにシミュレータが優れていても能力を発揮できないのである。

最低限の仕組みを知らなければうまく使えない便利なツールについて，電卓を例に説明しよう。電卓はボタンを押せば多くの桁数の計算を実行してくれる。通常の電卓ユーザーは電卓の内部の回路がどのようになっていて（トランジスタのロジックなど），どのような論理で動いているか（ブール代数や2進法など）まで知っている必要はないだろうし，皆がそこまでやっていては逆に効率が悪く，他の分野の発展性がなくなってしまう。電卓内部やコンピュータ内部はブラックボックスであるが，入出力の特性を検証しながらうまく活用しているのである。一方で，正しさを検証する技能が必要であり，電卓を使うユーザーは四則演算とはどのようなもので，$100+100$，100×100 などの簡単な計算結果は何になるかということは知っていなければならない。そうでなければ電卓が間違った答えを出しても（実際に，壊れていて1+1=2にならない電卓に遭遇したことがある）気づかずに検証できないし，偽電卓を出されて騙されてしまうこともあるだろう。検証できないというのは使えないに等しい。このように，オーダーがわかる程度でもよいし，時間をかけてでも自信のある正確な答えがわかるということでもよいが，とにかくシミュレータを使うには検証する能力が必要となる。

本書はこのような検証方法の説明を行い，実際に電磁界シミュレーションをどのような手順で行えばよいかを説明する。できる限り数式に頼らない説明にとどめたが，応用能力を身に着けるためには最低限必要な知識があるので，そのための数式は省略せずに記載した。電磁界シミュレータを活用するためには，シミュレータの知識のみならず，電磁界の物理的性質およびシミュレータが出力する値を解読するためのマイクロ波やアンテナ工学の基礎知識が必要となるため，第1章，第2章で説明する。

第3章では，有限要素法による電磁界シミュレーションの原理を広く応用できるよう最低限の数式を用いて説明した。特に困らない場合はこの章を読み飛ばして，必要になったら読んでいただければよいと思う。章の中で説明するには細かすぎる理論的内容は，付録 A にて補足説明を行った。さらに，理論が好きで原理を知りたい読者のために，付録 B で1次元問題による電磁界解析のための有限要素法の説明を行い，MATLAB のサンプルプログラムを用意した。また，モーメント法，FDTD 法の解析についても簡単な問題で説明し，解析法の違いが理解できるように工夫した。

第4章では，実際のシミュレータを使った電磁界シミュレーションの流れについてダイポールアンテナの解析を例に説明する。抽象的な説明にならないように，具体的に有限要素法解析に基づく電磁界シミュレータ COMSOL Multiphysics を用いた解析例を掲載したが，同シミュレータの使用に限定したり，バージョンの違いで将来使えない内容にならないように配慮したつもりである。

第5章では，幅広い問題に電磁界シミュレータを応用できるように，分類した方法すべてについて，解がよくわかっている問題（規範問題）を用いてシミュレーションの手順とポイントを説明する。規範問題との比較なので，どのようにシミュレータの精度，結果の正しさを検証すればよいかわかるようになっている。

第6章では電磁界シミュレータの電磁両立性 (EMC; Electromagnetic

Compatibility) 対策への応用について説明する。EMC 対策は回路的観点から説明されることが多いが，放射する電磁波を扱うには回路的知識とツールのみでは不足である。そこで，EMC 対策に電磁界シミュレータがどのように活用できるかについていくつか例を挙げて説明し，回路で説明される現象をできる限り電磁界の問題として統一的な説明を試みた。また，電磁界シミュレータの有効性についても説明した。

電磁界シミュレータの技術およびその応用分野は非常に幅広く，筆者の知識でも足りないところがあるが，本書の内容が少しでも読者の皆様の業務，研究，勉強のお役に立てれば幸いである。

謝辞

本書を執筆するにあたり，執筆のご提案と多大なるご協力をいただいた計測エンジニアリングシステム（株）の代表取締役岡田求様，橋口真宜様，米大海様，加藤和彦様，小澤和夫様のご厚意に感謝いたします。

さらに，電磁界シミュレータについてまとめる機会は学会活動を通して得られたものであり，MWE (Microwave Workshops & Exhibition), 電子情報通信学会エレクトロニクスシミュレーション研究会での活動が基礎となっています。関連活動として，マイクロ波研究会，アンテナ・伝播研究会，電磁界理論研究会，電気学会，シミュレータベンダー各社の関係諸氏に心より感謝いたします。

また，付録 B の 1 次元問題とその MATLAB プログラムは著者が 2014 年から 2017 年に東京工業大学大学院の「電気的モデリングとシミュレーション」の講義のために作成したものであり，機会をいただいた松澤昭先生，また MATLAB プログラムに関してサポートいただいた MathWorks の沖田芳雄様に感謝いたします。

本書を出版するにあたり，近代科学社の皆様，特に編集長の石井沙知様には本書の提案段階から，原稿の進捗管理に至るまで，コロナ禍の中温かく見守っていただき，大変お世話になりました。最後に，本書執筆のために深夜作業したのを温かく見守ってくれた家族に感謝いたします。

2020 年 8 月　平野拓一

サンプルファイルについて

本書だけでは足りない理論的な説明，また，動画を使った説明，WEB 上での計算ツール，COMSOL Multiphysics の使用法や本書で説明した解析のサンプルファイルを著者のウェブサイト (http://www.takuichi.net/book/em_fem/) にて利用可能である。サンプルファイルは書籍の理解を助けるのが目的である。完全に正しいことを保証するものではない。直接販売することを除き，商用でも無料で利用することができる。利用において，損害等が発生しても利用者の責任とする。

目次

第5章 規範問題と解析例

第6章 EMC対策のための電磁界シミュレーション

付録A　有限要素法の理論の補足

付録B　1次元問題による電磁界解析のための有限要素法の説明

第1章

電磁界シミュレーションのための基礎知識

本章では，電磁界シミュレーションのための基礎知識について説明する。

1.1　マクスウェルの方程式

本節では電磁界問題の支配方程式であるマクスウェルの方程式 [1] について説明する。シミュレーションを行う上で最低限必要な内容について説明するが，詳しい意味や導出方法などは文献 [2–4] を参照いただきたい。数式レベルから理解したい読者のために必要なことは省略せずに書いているが，シミュレータを使って結果が得られればいいという読者は 1.3 節から読み，必要に応じて 1.1 節，1.2 節を読んでいただきたい。

1.1.1　積分形

マクスウェルの方程式の積分形を次に示す。

$$\begin{cases} \oint_C \mathbf{E}\cdot d\mathbf{l} = -\dfrac{\partial}{\partial t}\iint_S \mathbf{B}\cdot d\mathbf{S} & \text{（ファラデーの法則）} \\ \oint_C \mathbf{H}\cdot d\mathbf{l} = \iint_S \mathbf{i}\cdot d\mathbf{S} + \dfrac{\partial}{\partial t}\iint_S \mathbf{D}\cdot d\mathbf{S} & \text{（拡張されたアンペアの法則）} \\ \oiint_S \mathbf{D}\cdot d\mathbf{S} = \iiint_V \rho dV & \text{（ガウスの法則）} \\ \oiint_S \mathbf{B}\cdot d\mathbf{S} = 0 & \text{（単極磁荷不存在）} \end{cases} \tag{1.1}$$

式 (1.1) 中に出てくる線積分，面積分，体積積分の定義を図 1.1 に示す。

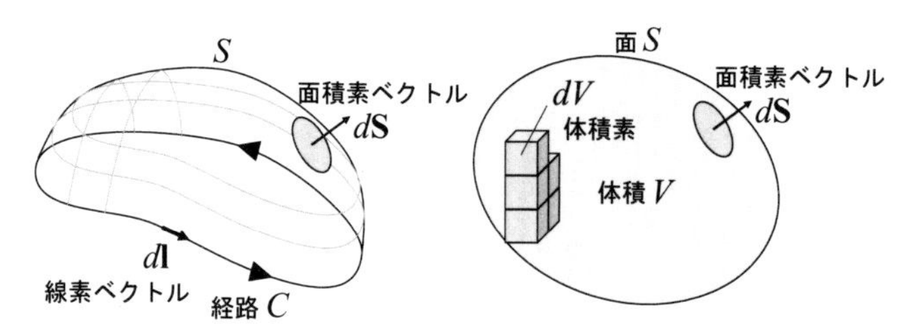

図 1.1　線積分・面積分・体積積分の変数の説明

式 (1.1) において，$\mathbf{E}\,[\mathrm{V{\cdot}m^{-1}}]$, $\mathbf{D}\,[\mathrm{C{\cdot}m^{-2}}]$, $\mathbf{H}\,[\mathrm{A{\cdot}m^{-1}}]$, $\mathbf{B}\,[\mathrm{T, Wb{\cdot}m^{-2}}]$ はそれぞれ電界，電束密度，磁界，磁束密度である。マクスウェルは，拡張されたアンペアの法則を導出した。この式は，時間変化する電流に対しても電流連続の式

$$I = -\frac{dQ}{dt} \tag{1.2}$$

が成り立つように，従来のアンペアの法則に変位電流 ($\frac{\partial}{\partial t}\iint_S \mathbf{D}\cdot d\mathbf{S}$) の項を追加したものである。ここで，$I$ は空間 V から流出する電流，$-\frac{dQ}{dt}$ は空間 V 内において単位時間当たりに減る電荷量である。

電磁界問題では，媒質のパラメータは次式の誘電率 ε，透磁率 μ，導電率 σ で表され，次の関係が成り立つ。

$$\begin{cases} \mathbf{D} = \varepsilon\mathbf{E} = \varepsilon_r\varepsilon_0\mathbf{E} \\ \mathbf{B} = \mu\mathbf{H} = \mu_r\mu_0\mathbf{H} \\ \mathbf{i} = \mathbf{i}_e + \sigma\mathbf{E} \end{cases} \tag{1.3}$$

ここで，$\varepsilon_0 = 8.854 \times 10^{-12}$ F/m，$\mu_0 = 1.257 \times 10^{-6}$ H/m はそれぞれ真空の誘電率，真空の透磁率である。また，ε_r，μ_r はそれぞれ比誘電率，比透磁率と呼ばれ，真空の値に対する比を意味する。$\mathbf{i}_e$ は強制的に励起する電流であり，導電率 σ がある場合は電流は電界方向に流れ，$\sigma\mathbf{E}$ がその伝導電流を表現している。

式 (1.3) の関係は理想的に物理現象を数式でモデル化したものであり，電磁界強度が強いとき（非線形性があるとき）や，媒質が特殊な場合（例えば異方性があるとき）などは特別な表現や定式化が必要になる。ただし，初めから難しい定式化について説明することは問題の本質を理解する妨げになるので，必要になったら改めて説明することにし，今は誘電率 ε，透磁率 μ，導電率 σ はスカラー値であると考えよう。

マクスウェルは，式 (1.1) を解くと得られる電界と磁界の波を電磁波と名付け（電磁波の存在の予言），この波の速度 $1/\sqrt{\mu_0\varepsilon_0}$ が当時知られていた光速 c に近いことから，光も電磁波の一部であると予想した。電磁波の存在は後にヘルツによって確認され [5]，マクスウェルが導出した方程式から光で知られている種々の法則（反射の法則，屈折の法則，偏光など）

が導出され，光もまた電磁波の性質を有することが確認されていった。

式 (1.1) では物理現象を想像しにくいと思うので，図 1.2 を用いて電磁気学で習うファラデーの法則とアンペアの法則を説明しよう。

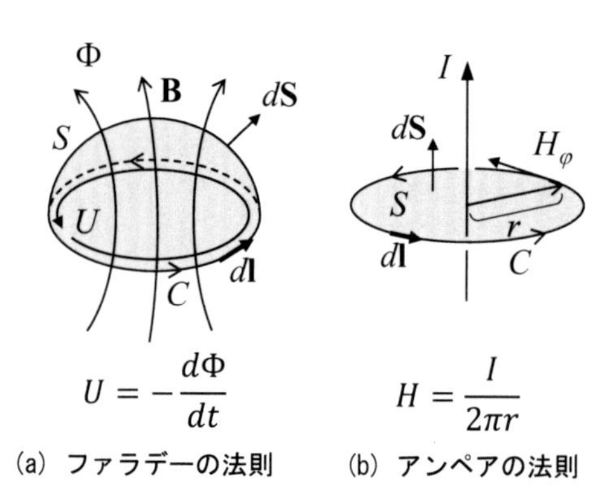

図 1.2　電磁気学のファラデーの法則とアンペアの法則の説明

まず，図 1.2(a) でファラデーの法則について説明する。S は帽子のような半球表面の曲面である。S には表面と裏面を定義し，表面から裏面と反対側の垂直方向に面積素ベクトル $d\mathbf{S}$ を定義する。また，裏面から表面を見て，その周囲に右周りの経路 C を定義し，その線素ベクトルを $d\mathbf{l}$ とする。面 S を貫く磁束は $\Phi = \iint_S \mathbf{B} \cdot d\mathbf{S}$ である。

電磁気学で習うファラデーの法則は，「閉曲線 C の内部の周囲に発生する起電力 U は，その内部を貫く磁束 Φ の時間変化に等しい（電磁誘導の法則)。起電力の向きは，その方向に電流が流れた場合に磁束の変化を打ち消す向きである（レンツの法則)」である。これを式で表すと

$$U = -\frac{d\Phi}{dt} \tag{1.4}$$

であり，$U = \oint_C \mathbf{E} \cdot d\mathbf{l}$ を用いて変形すると式 (1.1) の 1 行目のファラデーの法則と一致していることがわかる。

次に，図 1.2(b) でアンペアの法則について説明する。無限長の直線状に流れる電流 I が距離 r の位置に作る磁界は

$$H_\varphi = \frac{I}{2\pi r} \tag{1.5}$$

となる。歴史的には，2 本の電流を流した線間に働く力（ローレンツ力）から，実験的に式 (1.5) が得られた。逆に，式 (1.5) の磁界を図 1.2(b) の経路 C で接線線積分すると，$2\pi r H_\varphi = I$ となる。左辺の $2\pi r H_\varphi$ は，式 (1.1) の 2 行目の拡張されたアンペアの法則の左辺 $\oint_C \mathbf{H} \cdot d\mathbf{l}$ に対応する項である。右辺第 1 項の $\iint_S \mathbf{i} \cdot d\mathbf{S}$ は I に対応する。右辺第 2 項の変位電流 $\frac{\partial}{\partial t} \iint_S \mathbf{D} \cdot d\mathbf{S}$ は式 (1.5) に存在しないが，式 (1.5) は直流に対する式であり，時間微分が 0 となっているからである。

マクスウェルは時間変化する電流に対しても方程式が成り立つように拡張し，変位電流を導入して一般化した。そのため，ファラデーの法則とアンペアの法則（場合によって発散の法則も）は総称してマクスウェルの方程式といわれる。

なお，ガウスの法則は，ある閉曲面 S を考えたとき，そこから出ていく電束密度 D の総和[1]は内部にある電荷の総量[2]であるということを意味している。また，式 (1.1) の単極磁化不存在の法則は磁束密度 B に対する発散の法則になっており，磁束密度 B はある閉曲面 S を考えたとき，入る量と出ていく量は必ず等しいということを意味している。$V(S)$ は任意に選ぶことができるので，空間 V のどの場所においても N 極だけ，あるいは S 極だけの単極磁荷というものは存在しない。

1.1.2 微分形

式 (1.1) のマクスウェルの方程式の微分形を，式 (1.6) に示す。式 (1.6) は，ベクトル解析の公式であるストークスの定理を式 (1.1) の上 2 式に，ガウスの発散定理を下 2 式に適用して得られたものである [2,4]。

1 S 上での D の法線面積分。

2 電荷密度 ρ の S の内部 V での体積積分。

$$
\begin{cases}
\nabla \times \mathbf{E} = -\dfrac{\partial \mathbf{B}}{\partial t} & \text{（ファラデーの法則）} \\
\nabla \times \mathbf{H} = \mathbf{i} + \dfrac{\partial \mathbf{D}}{\partial t} & \text{（拡張されたアンペアの法則）} \\
\nabla \cdot \mathbf{D} = \rho & \text{（ガウスの法則）} \\
\nabla \cdot \mathbf{B} = 0 & \text{（単極磁荷不存在）}
\end{cases}
\tag{1.6}
$$

式 (1.1) の積分形はある体積や面を考えて定式化したものであるが，式 (1.6) の微分形は空間中のある 1 点を考え，そこで成り立つ関係を表している。式 (1.1) と式 (1.6) は等価であり，シミュレータを構築するための数値計算にはどちらの形も用いられる。なお，∇(ナブラ) は空間座標でのベクトル微分演算子である。詳しくは文献 [2,4] を参照いただきたい。

1.1.3　時間調和（微分形）

交流電気回路の解析では，電圧・電流の時間変化を単一の角周波数 ω と仮定して，$1/\partial t = j\omega$（フェーザー表示あるいは複素数表示）として解析する。これは，支配方程式全体をフーリエ変換して，周波数領域で解析していることに他ならない。過去から未来にわたってずっと正弦波的に時間変化している電磁界などの物理量は，調和振動しているといわれる。また，調和振動の問題を時間調和 (time harmonic) 問題という。本書では，周波数領域の解析は時間調和問題であることを意味し，$1/\partial t \to j\omega$ として解析する。

周波数領域の解析では，時間に関する微分方程式を解く問題が代数方程式を解く問題に変わり，方程式の解法は簡単になる。例えばマクスウェルの方程式を周波数領域で解析する場合，式 (1.6) は式 (1.7) のようになる。ただし，この式変形には式 (1.3) の関係も用いた。

$$
\begin{cases}
\nabla \times \mathbf{E} = -j\omega\mu\mathbf{H} & \text{（ファラデーの法則）} \\
\nabla \times \mathbf{H} = \mathbf{i} + j\omega\varepsilon\mathbf{E} & \text{（拡張されたアンペアの法則）} \\
\nabla \cdot \mathbf{E} = \dfrac{\rho}{\varepsilon} & \text{（ガウスの法則）} \\
\nabla \cdot \mathbf{H} = 0 & \text{（単極磁荷不存在）}
\end{cases}
\tag{1.7}
$$

図 1.3 に時間領域の解析と周波数領域の解析の関係を示す。方程式は

フーリエ変換の関係となっている。任意の時間波形の解析には時間領域の解析法が用いられることが多いが，周波数領域で必要な範囲の周波数特性を計算しておいて，フーリエ変換で時間応答を得ることも可能である。逆に，周波数特性を計算するために時間領域の解析でパルス波形の応答を計算し，フーリエ変換で周波数応答を計算することも可能である。1.6 節で詳しく説明するが，電磁界解析アルゴリズムの FDTD 法は時間領域の解析，有限要素法 (FEM) とモーメント法 (MoM) は周波数領域の解析である。

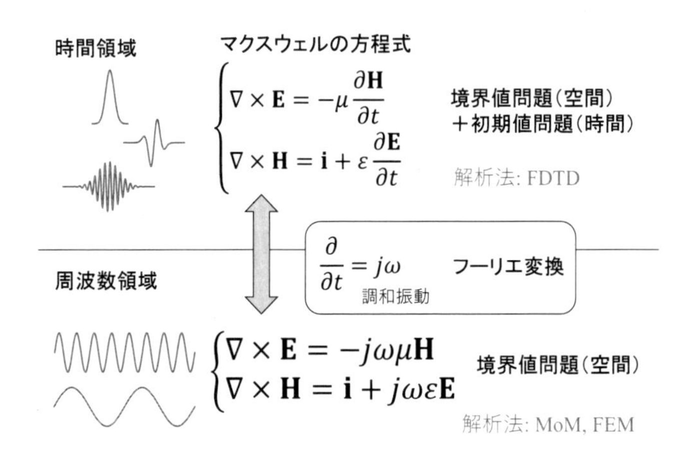

図 1.3　時間領域と周波数領域

式 (1.7) の意味についてもう少し説明しよう。この連立方程式の未知数は $\mathbf{E}$ および $\mathbf{H}$ の 2 つである。2 つの未知数に対して 4 つの方程式が必要な理由は，ベクトル解析のヘルムホルツの定理より，ベクトル場は発散 ($\nabla\cdot$) 成分と回転 ($\nabla\times$) 成分の 2 つの成分を決定しなければ一意に定まらないからである。式 (1.7) の上 2 式には時間変化の成分が含まれており，交流あるいは時間変化のある問題を記述する。一方，下 2 式は時間変化の成分を含まない静電界と静磁界[3]の問題を記述する。本書では時間変化のある電磁界に着目するので，上 2 式について取り扱う。これは，電気回路の解析で交流解析と直流解析を独立に行うことと類似している。

E を電界のある成分のフェーザー表示とした場合，絶対値 $|E|$ は時間領域の瞬時値表現である余弦波 $e(t) = A\cos(\omega t + \varphi)$ の振幅 A，位相 $\arg(E)$ は φ を表す。これを数式で表現すると次式のようになる。

$$e(t) = \mathrm{Re}[Ee^{j\omega t}] \tag{1.8}$$

式 (1.8) は t を変化させることによって位相が変化するので，t を 1 周期分変化させて電界や磁界の瞬時値強度分布の時間変化アニメーションを描く際に使われる。磁界成分や電流成分に対しても同じアルゴリズムが適用できる。

1.1.4　波動方程式

式 (1.7) の上 2 式に着目すると，方程式 2 つに対して 2 つの未知数 **E** および **H** がある 2 元連立方程式になっている。したがって，これら 2 式から **E** または **H** どちらかの文字を消去すると，1 つの未知数に対する 1 つの方程式を得ることができる。上 2 式から **H**(**E**) を消去すると，**E**(**H**) に関する方程式が導出される。

$$\nabla \times \left(\frac{\nabla \times \mathbf{E}}{\mu_r}\right) - {k_0}^2 \varepsilon_r \mathbf{E} = -jk_0\eta_0 \mathbf{i} \tag{1.9}$$

$$\nabla \times \left(\frac{\nabla \times \mathbf{H}}{\varepsilon_r}\right) - {k_0}^2 \mu_r \mathbf{H} = \nabla \times \left(\frac{\mathbf{i}}{\varepsilon_r}\right) \tag{1.10}$$

ここで，$k_0 = \omega\sqrt{\mu_0\varepsilon_0}$ [m^{-1}] は真空中の波数，$\eta_0 = \sqrt{\mu_0/\varepsilon_0}$ [Ω, V/A] は真空中の波動インピーダンス（電界の磁界に対する比）である。例えば，式 (1.9) を得るには式 (1.7) の第 1 式の両辺を μ_r で除してから回転を取り，第 2 式を用いて $\nabla \times \mathbf{H}$ を消去する。

式 (1.9) および式 (1.10) は，解が波動を表すので波動方程式とよばれる。式 (1.9) を解けば **E** が得られる。

3　厳密には静磁界の問題の一部。

また，$\mathbf{H}$ は式 (1.7) の第 1 式を用いて $\mathbf{H} = -\nabla \times \mathbf{E}/(j\omega\mu)$ から求めることができる。同様にして，式 (1.10) を解けば $\mathbf{H}$ が得られ，$\mathbf{E}$ は $\mathbf{E} = (\nabla \times \mathbf{H} - \mathbf{i})/(j\omega\varepsilon)$ から求めることができる。このように，波動方程式は $\mathbf{E}$ に対するものを用いても，$\mathbf{H}$ に対するものを用いても大差はない。なお，波動方程式は第 3 章で説明する有限要素法の定式化でも用いられ，式 (1.9) の $\mathbf{E}$ に対する波動方程式が用いられる場合が多い。

1.2 電磁波の性質

本節では，1.1 節で説明したマクスウェルの方程式を満たす電界および磁界の性質について説明する。導出の詳細は文献 [2,4] を参照いただきたい。

1.2.1 電磁波・速度・周波数

マクスウェルの方程式を解くと，電界と磁界は波となって伝搬することが導かれる。そのため，マクスウェルは電磁波という波が存在することを予言したのである。図 1.4(a) に，中央で上下方向に流れる交流電流から放射される電磁界の様子を示す。放射された電磁界は空間に球状に広がってゆき，電流の向きが上下に反転するので，電磁界の向きも入れ替わっている。また，放射された電磁界が右側遠方に行くと，図 1.4(b) に示すように，球の曲率が平面と見なせるような平面波となる。平面波では電界から磁界に右ネジを回す方向に進行する向きとなり，電界・磁界・進行方向は互いに直交している。また，電界 $\mathbf{E}$ [V/m] と磁界 $\mathbf{H}$ [A/m] の比は $|\mathbf{E}|/|\mathbf{H}| = \sqrt{\mu/\varepsilon}$ となっており，この比を波動インピーダンス [Ω, V/A] と呼ぶ。

また，方程式を解くと電磁波の真空中の速度は $c = 1/\sqrt{\mu_0\varepsilon_0}$ [m/sec] と導出され，これは光速 $c = 2.998 \times 10^8$ m/s と一致する。光のことを全く考慮せず，電気的な性質を記述する誘電率 ε_0 と磁気的な性質を記述する透磁率 μ_0 から光速 c が導かれることは，非常に興味深い。マクスウェルはこのことを偶然とは考えず，方程式から導出された電磁波の速度は光

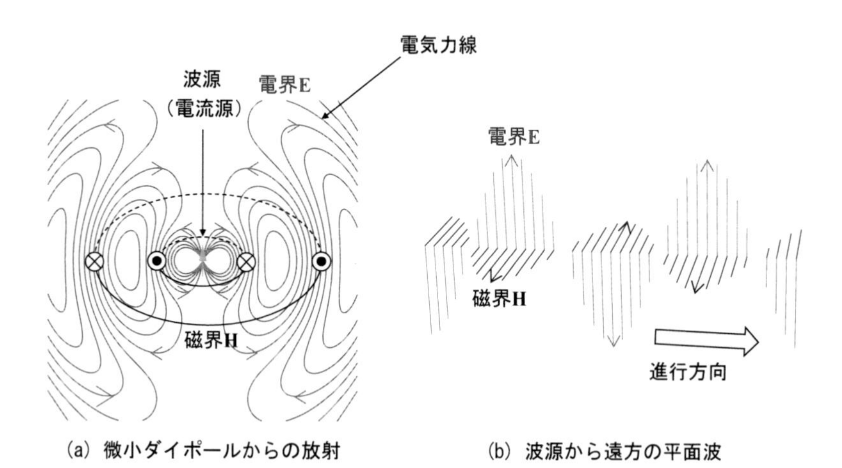

図 1.4　放射電磁界と遠方界（平面波，円偏波）

速と一致するため，光も電磁波の一部であると予言したのである。

図 1.5 に電磁波の周波数スペクトルを示す。3 THz 以下の電磁波は電波と呼ばれる。電磁波は物理の用語であるが，電波は法律的な用語であり，総務省が所管する電波法第二条第一項に「『電波』とは，三百万メガヘルツ[4]以下の周波数の電磁波をいう。」と書かれており，その使用規則が書かれた法律が電波法である。電波の周波数帯よりも高くなると，赤外線になり，次に人間にも見える可視光，さらに紫外線，エックス線，ガンマ線となる。

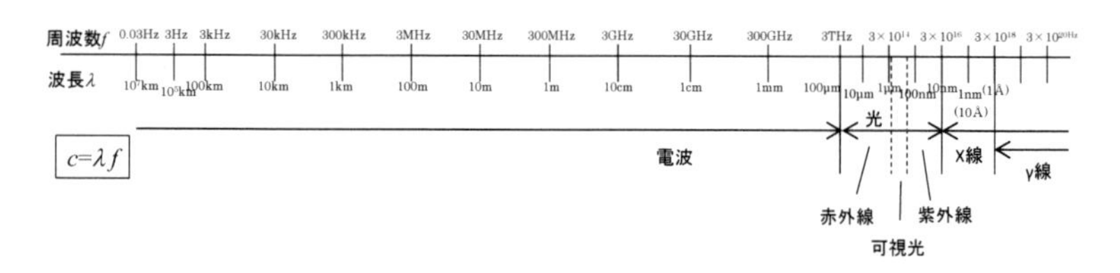

図 1.5　電磁波の周波数

4　k（キロ）：10^3，M（メガ）：10^6，G（ギガ）：10^9，T（テラ）：10^{12} なので，三百万メガヘルツ=3THz である。

電磁波の速度は周波数によらず一定で光速 c である[5]。電磁波は波動なので，速度と周波数 f と波長 λ は次の関係が成り立つ。

$$c = \lambda f \tag{1.11}$$

1.2.2 偏波

電磁波は電界および磁界の波である。電界，磁界，進行方向は互いに直交する横波であり[6]，進行方向だけでは性質を正確に説明できない。そこで，電界あるいは磁界の向きについても説明する必要があり，電磁界の向きのことを偏波という。例えば，「電界は x 軸方向を向いた偏波である」というように使われる。また，放射された電磁波は波源から十分遠方では図 1.4(b) のような平面波になるが，同図からわかるように電界は進行方向成分を持たない。進行方向と直交する面内の成分は持ち得るが，その向きは任意である。

図 1.4(b) のように電界が 1 軸成分のみ持つ直線偏波という波がある。これを進行方向と直交する断面内で回転させたものも，もちろんマクスウェルの方程式を満たす波であり，独立な軸を持つ 2 つの平面波の重ね合わせで，任意の偏波を持つ平面波を表現することができる。

同じ周波数で同じ方向に進む，互いに電界の向きが直交する 2 つの直線偏波（$\mathbf{E}_1 = \hat{x}A_1e^{j(kz+\varphi_1)}$ と $\mathbf{E}_2 = \hat{y}A_2e^{j(kz+\varphi_2)}$）を[7]重ね合わせて[8]位置を固定し，電界または磁界の時間変化の軌跡を描くと，一般には楕円になる。この楕円の短軸に対する長軸の比を軸比 AR という。AR は 1 以上の値であり，$AR = 1$ のときは円偏波，$AR = \infty$ のときは直線偏波，それ以外のときは楕円偏波となる。また，$A_1 = A_2$ かつ $\varphi_2 - \varphi_1 = -90^\circ$ のとき，進行方向 $(+z)$ に向かって見ると，ある位置での時間変化の軌跡は

5　さらに興味深いことに，音波などの他の波動と違って，どのような運動状態にある観測者から見ても一定速度の c となる。この事実がアインシュタインの相対性理論へとつながった。

6　それに対して，音波は媒質である空気の分子を進行方向に振動させて粗密波として伝搬する縦波であり，偏波という概念はない。

7　記号 $\hat{x}$ は x 方向単位ベクトルを意味する。

8　マクスウェルの方程式は線形方程式なので，線形結合の重ね合わせもまた解である。

右回りの円になるので，これを右旋円偏波という。一方，$A_1 = A_2$ かつ $\varphi_2 - \varphi_1 = 90^\circ$ のとき，進行方向 $(+z)$ に向かって見ると，ある位置での時間変化の軌跡は左回りの円になるので，これを左旋円偏波という。

2 つの媒質境界に平面波が入射したとき，反射と透過が起こる。光の分野では，反射波では反射の法則（入射角と反射角が等しい）が成立し，透過波ではスネルの法則（屈折角に関する法則）が成立することが知られていた。反射波，透過波は入射角が同じでも偏波によって異なるが，これもマクスウェルの法則から導出することができる。電磁波の偏波は光の分野の偏光という現象に対応するものである[9]。マクスウェルの方程式からも光の分野で知られていた各種法則を導出できることから，光は電磁波の一部であるというマクスウェルの予言は証明されることとなった [6]。

1.2.3　エネルギーと熱損失

空間を飛ぶ電磁波が運ぶエネルギー密度は，次式で定義されるポインティングベクトル [7] で計算できる。

$$\mathbf{W} = \frac{1}{2}\mathrm{Re}[\mathbf{E} \times \mathbf{H}^*] \tag{1.12}$$

面 S を通過する電磁波の電力 P は，ポインティングベクトルの面 S の法線面積分で計算できる。

$$P = \iint_S \mathbf{W} \cdot d\mathbf{S} = \frac{1}{2}\iint_S \mathrm{Re}[\mathbf{E} \times \mathbf{H}^*] \cdot d\mathbf{S} \tag{1.13}$$

また，抵抗のある導体の体積 V 内での熱損失は，$\mathbf{i} = \sigma\mathbf{E}$ を用いると計算できる。閉曲面 S の内部 V で消費される電力を計算しよう。S の内部に向かう電力を計算するので，

$$\oiint_S \mathbf{W} \cdot (-d\mathbf{S}) = \iiint_V \frac{\sigma|\mathbf{E}|^2}{2} dV + j\omega \iiint_V \left(\frac{\mu|\mathbf{H}|^2}{2} - \frac{\varepsilon|\mathbf{E}|^2}{2} \right) dV \tag{1.14}$$

となる。ここで，$\iiint_V (\varepsilon|\mathbf{E}|^2/2)dV$ は空間が蓄える電気エネルギー，$\iiint_V (\mu|\mathbf{H}|^2/2)dV$ は空間が蓄える磁気エネルギー，

9　電界の向きが偏光の向きに対応。

$\iiint_V (\sigma|\mathbf{E}|^2/2)dV = \iiint_V \mathrm{Re}[(\mathbf{E}\cdot\mathbf{i}^*/2)]dV$ は空間での熱損失である [2]。なお，電磁波の人体への影響を考慮する際には，単位質量あたりの熱損失（比吸収率，SAR; Specivic Absorption Rate）を指標として用いる方法もある [8]。

1.2.4 複素誘電率と誘電正接

マクスウェルの方程式 (1.7) の電流 $\mathbf{i}$ は，波源として能動的に空間に流すもの $\mathbf{i}_e$ と，生じている電磁界によって受動的に流れる電流 $\mathbf{i}_c$ に分けて考えることができる ($\mathbf{i} = \mathbf{i}_e + \mathbf{i}_c$)。今，$\mathbf{i}_e = 0$，$\mathbf{i}_c = \sigma\mathbf{E}$ のとき，マクスウェルの方程式のアンペアの法則は次式のように変形できる。

$$\nabla \times \mathbf{H} = j\omega\left(\varepsilon + \frac{\sigma}{j\omega}\right)\mathbf{E} \tag{1.15}$$

したがって，

$$\varepsilon_c = \varepsilon + \frac{\sigma}{j\omega} \tag{1.16}$$

を改めて誘電率とみなすと，空間に流れる受動的な電流のことを考慮する必要がなくなる。その代わり，新たな誘電率は複素数になっているので，式 (1.16) で定義される導体損失のある誘電体の誘電率は，複素誘電率と呼ばれる。

式 (1.16) の両辺を真空の比誘電率 ε_0 で割った値 $\varepsilon_c/\varepsilon_0$ は，複素比誘電率と呼ばれ，その虚部は熱損失を表す。この媒質は誘電体と導体の両方の性質を有し，実部と虚部のどちらが大きいかによって，誘電体あるいは導体の性質の現れ方が変わる。複素誘電率 ε_c の実部と虚部を符号反転した値（式 (1.16) では虚部が負になるため）の比

$$\tan\delta = -\frac{\mathrm{Im}[\varepsilon_c]}{\mathrm{Re}[\varepsilon_c]} = \frac{\sigma}{\omega\varepsilon} \tag{1.17}$$

は誘電正接（またはタンデル，loss tangent）と呼ばれ，値が大きいほど損失が大きい。これは誘電体材料の評価によく用いられる指標であり，$\tan\delta = 10^{-3}$ 程度であればかなり損失が小さい材料である。複素誘電率の場合の平面波（または TEM 波）の伝搬定数は，次のようになる。

$$\gamma = j\beta = j\omega\sqrt{\mu\varepsilon_c} = j\omega\sqrt{\mu|\varepsilon_c|e^{-j\delta/2}} = \omega\sqrt{\mu|\varepsilon_c|}(\sin(\delta/2)+j\cos(\delta/2)) \tag{1.18}$$

良導体，つまり δ が大きい場合 $(\sigma/\omega >> \varepsilon)$ を考えると，γ の実部の減衰定数も増えることがわかる。δ は最大でも 90°，$\delta/2$ は最大でも 45° である。近似 $|\varepsilon_c| \approx \sigma/\omega$ が成り立つので，実部の減衰定数は $\sqrt{\omega\mu\sigma/2}$ となる。表皮の厚さ δ_s は振幅が e^{-1} となる厚さであり，$\delta_s = \sqrt{2/(\omega\mu\sigma)}$ となる。また，導体中で消費される電力を積分して計算し，それを導体表面に流れる電流密度 I_0 と表面インピーダンス R_s で計算した消費電力 $R_s|I_0|^2$ と等しいと置くことで，$R_s = \sqrt{\omega\mu/(2\sigma)} = 1/(\delta_s\sigma)$ が得られる [9]。

虚部の位相定数の方も同様に，$\sqrt{\omega\mu\sigma/2}$ で近似できる。波長 λ は $2\pi/$（位相定数）なので，$\lambda = (2\pi)/\sqrt{\omega\mu\sigma/2}$ となり，良導体の近似の仮定より，$\sigma = 0$ のときの波長 $(2\pi)/(\omega\sqrt{\mu\varepsilon})$ に比べて十分小さく，$\sqrt{2\omega\varepsilon/\sigma}$ 倍となっていることがわかる。つまり，良導体の中では波長は極端に短縮されることがわかる。

1.3　解析の種別

電磁界シミュレーションの目的は，1.1 節で説明したマクスウェルの方程式をコンピュータを用いて数値的に解くことである。ただし図 1.6 に示すように，同じマクスウェルの方程式でも扱う解析に種別がある。したがって，どのような解析を行いたいのか，または行っているのか正確に理解しておく必要がある [10]。ここでは，マクスウェルの方程式と等価である式 (1.9) の波動方程式を基礎として説明する。

1.3.1　励振解析

図 1.6(a) は励振波源[10]がある 3 次元構造の解析であり，励振波の種類や振幅，位相，周波数などを決める。励振がある問題なので，空間の電磁界

10　電流源，電圧源，平面波入射，導波路ポートなど。

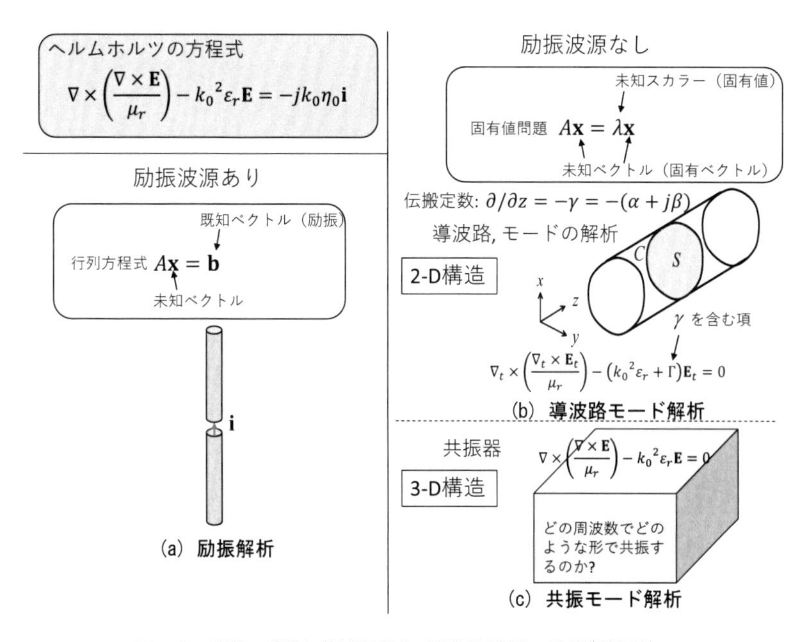

図 1.6　解析の種別（励振解析，導波路解析，共振器解析）

は一意に決定される。

式 (1.9) は微分方程式であるが，数値計算を行うと行列方程式を解く問題に帰着される。式 (1.9) 左辺の $\mathbf{E}$ に適用される演算子 $\nabla\times((1/\mu_r)\nabla\times)-k_0{}^2\varepsilon_r$ を行列 A，電界 $\mathbf{E}$ を未知ベクトル $\mathbf{x}$，右辺の $-jk_0\eta_0\mathbf{i}$ を既知ベクトル $\mathbf{b}$ と考えると，$A\mathbf{x}=\mathbf{b}$ という行列方程式の形になっており，$\mathbf{x}$ を求める問題となる。

電磁界シミュレーションで最もよく行われるのがこの励振解析である。

1.3.2　導波路解析

図 1.6(b) は，1 軸（ここでは z 軸）方向に一様な構造を持つ導波路のモードを解析する，2 次元の導波路問題である。励振波や周波数は与えられておらず，どのような周波数でどのような導波路モードが伝搬するかを解析する問題となる。

γ を伝搬定数とすると，$+z$ 方向へは $\exp(-\gamma z)$ の変化をすると仮定し，式 (1.9) において波源なし ($\mathbf{i} = 0$), $\partial/\partial z = -\gamma$ とおいて定式化する。励振波源がないので，未知のスカラー量 γ を含む項が固有値 λ に相当し，電界 $\mathbf{E}$ が固有ベクトル $\mathbf{x}$ に対応する固有値問題 $A\mathbf{x} = \lambda\mathbf{x}$ に帰着される。

導波路モードで励振する面をポートと呼び，図 1.6(a) の問題で導波路ポートで励振を行う場合には，3 次元構造の解析に先立って図 1.6(b) の解析が行われる。

1.3.3　共振器解析

図 1.6(c) は励振波源が与えられていない 3 次元構造の解析で，共振周波数と共振モードを解析する問題である。式 (1.9) で波源なし ($\mathbf{i} = 0$) として，$\omega(k_0 = \omega\sqrt{\mu_0\varepsilon_0})$ を含む項が固有値 λ に対応し，電界 $\mathbf{E}$ が固有ベクトル $\mathbf{x}$ に対応する固有値問題 $A\mathbf{x} = \lambda\mathbf{x}$ となる。

1.4　マクスウェル方程式の時間変化項の近似

1.1 節で，時間的に変化する電磁界でも厳密に成り立つマクスウェル方程式について説明した。本節では，いくつかの時間変化項の近似について説明する。マクスウェル方程式の時間変化項の近似を図 1.7 に示す。図 1.7(a) に示すマクスウェルの方程式は厳密なので近似する必要はないと思うかもしれないが，数値計算では近似をした方程式の方が計算負荷が軽く，精度も高くしやすいので，扱う問題に最適な近似を用いたシミュレータが用いられることもある [10]。本書では，次章以降図 1.7(a) の厳密なマクスウェルの方程式を扱うが，どのシミュレータを選ぶべきか判断するためや，集中定数素子の電圧・電流の概念がどのように組み込まれているのかを理解するために，本節を読んでいただきたい。

1.4.1　静電界と静磁界（電圧と電流）

マクスウェルの方程式の厳密な表現は図 1.7(a) であるが，電磁界の時間変化が無視できる ($\partial/\partial t = 0$) とき，図 1.7(b) のようになる。この場

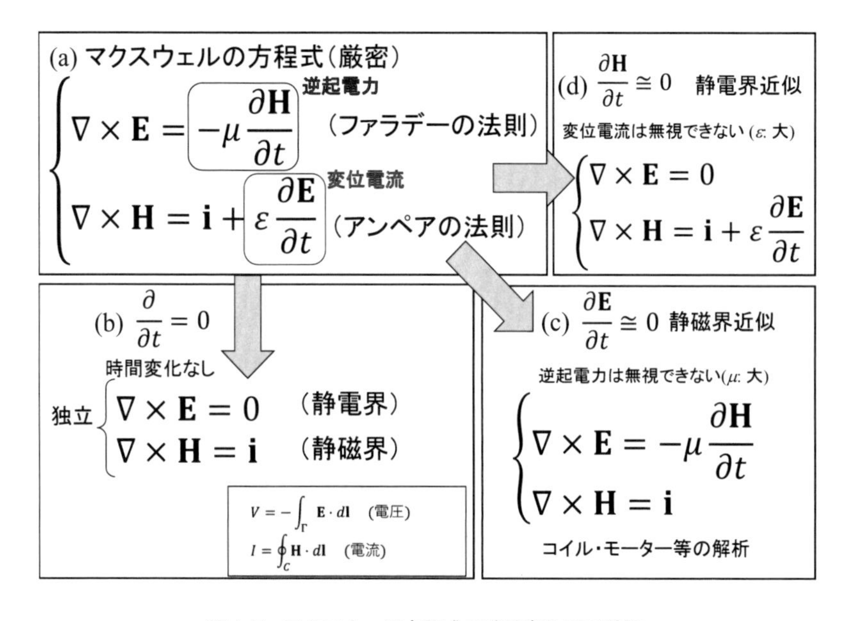

図 1.7　マクスウェル方程式の時間変化項の近似

合，2 つの方程式は無関係で，独立である。電界 $\mathbf{E}$ に関する方程式から静電界が，磁界 $\mathbf{H}$ に関する方程式から静磁界が求まる。静電界の問題は，$\mathbf{E} = -\nabla U$ となるようなスカラーポテンシャル U を導入することができる。電界の接線線積分として定義する電圧

$$V = -\int_\Gamma \mathbf{E} \cdot d\mathbf{l} \tag{1.19}$$

は経路 Γ の選び方によらず，経路 Γ の始点と終点のみで決まる。位置 P_1 の P_0 に対する電位（電圧）を計算するための経路 Γ を，図 1.8 に示す。静電界では経路に依存せず，始点 P_0 と終点 P_1 のみで電圧が決まるので，式 (1.19) の積分経路として図 1.8 の Γ' の経路を用いても結果は変わらない。

図 1.1(a) の厳密なマクスウェル方程式の解は式 (1.19) の値は経路 Γ に依存するが，時間変化項の寄与が無視できる低周波では静電界による近似が成り立つので，式 (1.19) で定義した電圧が用いられる。このように，十分低周波であると波長は非常に長く，回路や線路は波長に比べて十分小

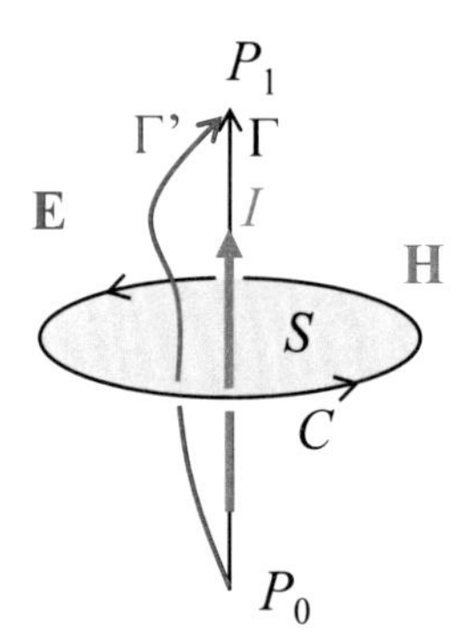

図 1.8　電圧と電流の定義

さいとみなすことができ，この場合の回路あるいは線路素子を集中定数素子という。

$$I = \oint_C \mathbf{H} \cdot d\mathbf{l} \tag{1.20}$$

で定義される。図 1.8 を参照して，面 S の周囲経路 C で磁界を周回接線線積分すると，C の内部の面 S を貫いて流れる電流 I が求まる。電流の向きは C の経路が右回りに見える S の面が裏側で，反対側が表側であり，裏側から表側に流れるように定義される（右ネジの進む向き）。このことはすでに図 1.2(b) を用いて説明したとおりである。式 (1.20) の定義も，変位電流の寄与が大きくなると使えないが，変位電流の寄与が小さいときは，交流でも近似的に直流と同じ概念の電流が得られる。

さらに，静電界・静磁界の問題と回路理論との関係について説明しよう。図 1.9 は回路の基本法則であるキルヒホッフの法則について説明している。

図 1.9(a) は第 1 法則の電流則である。ある接点に流入（または流出）する電流の総和は 0 であり ($I_1 + I_2 + I_3 = 0$)，流入した分は必ずいずれかの配線から流出することを意味している。これは，電流連続の式 (1.2) において $d/dt = 0$ のときに全く等価なものとなっている。電流連続の式はアンペアの法則に組み込まれているので，アンペアの法則がキルヒホッフの電流則を説明していることになる。

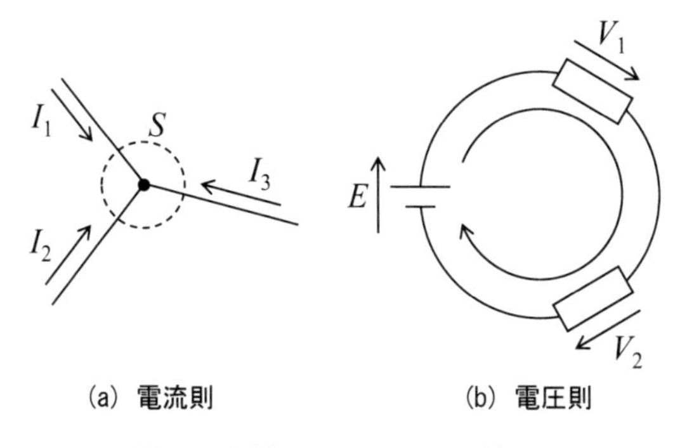

図 1.9 回路のキルヒホッフの法則

図 1.9(b) は第 2 法則の電圧則である。任意の閉回路に沿って電圧を足していくと，和は 0 になる ($E + V_1 + V_2 = 0$) ということを示しており，静電界の保存場の性質そのものを表している。これはファラデーの法則において時間微分を 0 としたものに他ならない。したがって，ファラデーの法則はキルヒホッフの電圧則を説明していることになる。

以上のように，電気回路の基礎方程式も，すべてマクスウェルの方程式から導出される。

1.4.2 静磁界近似

時間変化は小さいが媒質の透磁率 μ が大きい場合，図 1.7(a) の変位電流の項は無視できるが，逆起電力の項は無視できない。このような場合は，図 1.7(c) に示す静磁界近似となる。透磁率 μ が大きい媒質としては，モーターの鉄心や磁性体を使う記憶装置などが該当する。モーターの解析シミュレータなどには，図 1.7(c) の近似方程式を用いて定式化しているものもある。

1.4.3 静電界近似

時間変化は小さいが媒質の誘電率 ε が大きい場合，図 1.7(a) の逆起電力の項は無視できるが，変位電流の項は無視できない。このような場合は，図 1.7(d) に示す静電界近似となる。誘電率 ε が大きい媒質としては，キャパシタの極板間材料や強誘電体メモリなどが該当する。

1.4.4　高周波近似

図 1.7 では低周波の近似について説明したが，高周波の近似も提案されている。光も電磁波の一部であり，電磁波は高周波になると光のような直進性，反射および屈折の法則などが顕著になる。高周波の電磁波を光のように近似する手法を幾何光学 (GO; Geometrical Optics) 近似という。また，GO に波動的性質である回折を考慮した幾何光学回折理論 (GTD; Geometrical Theory of Diffraction) など，ほかにもさまざまな高周波近似が提案されている [11]。コンピュータグラフィックス (CG) のアルゴリズムの一つであるレイ・トレーシング（光線追跡法）も，高周波近似の応用の一例といえよう。

1.5　解析問題の次元

電磁界シミュレーションは通常は 3 次元空間の構造を対象とするが，図 1.10 に示すように，解析対象の構造や励振波源がある軸に対して一様な場合には，方程式の次元を 3 次元から 2 次元，1 次元へと落とすことができ，問題の定式化は簡単かつ計算負荷が軽くなる。

図 1.10(a) は z 方向に一様な断面を持つ線路が接続された構造であり，一様な各断面の線路解析をして，線路特性を接続して特性計算が可能となる。このような問題は 1 次元問題といわれ，よく使う線路に対しては，その解析をサポートしている回路シミュレータも存在する。

図 1.10(b) は，z 軸方向に無限に長い一様な断面構造を持つ構造である。励振は図 1.10(a) とは少し異なり，平面波が z 軸方向に角度をもって入射するような場合には，z 軸と垂直な断面内で 2 次元の分布をする。断面構造が無限に長くなくても，波長に比べて長い場合には端部以外の中央付近ではこのような解析とよく一致するため，実用的にも用いられる。このような問題は 2 次元問題といわれる。

図 1.10(c) は，3 次元問題である。一般的に電磁界シミュレータは，3

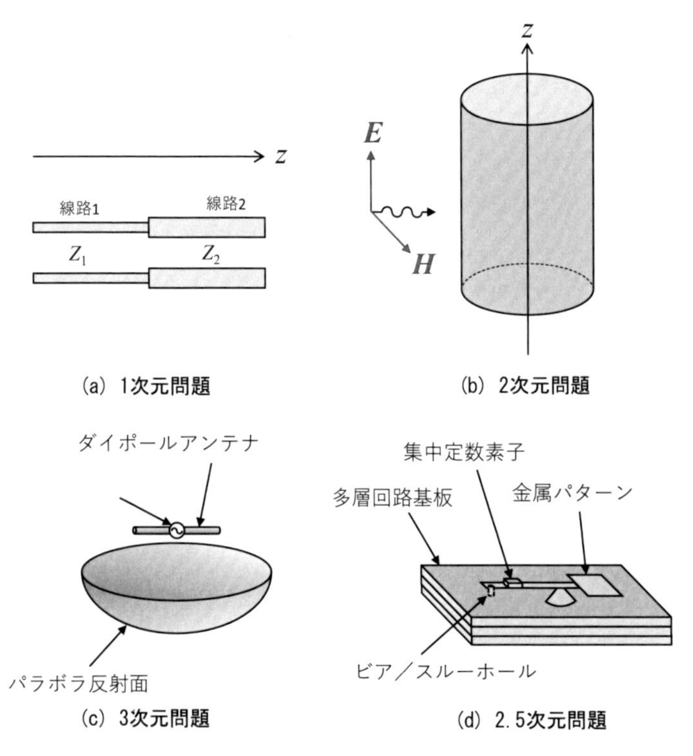

図 1.10　問題の次元

次元問題の解析を想定していることが多い。

図 1.10(d) は工学的によく用いられる多層回路基板を想定している。基板の面方向は 2 次元構造だが，2 次元だけの解析ではすまない。しかし，この構造に特化した解析手法を用いると図 1.10(c) よりは効率の良い解析が行えるため，実際の次元を表しているわけではないが，通称 2.5 次元問題といわれる。放射問題を扱わないマイクロ波回路などの解析が得意であるが，注意して使えば放射の問題も扱うことができる。

1.6　電磁界解析アルゴリズムの種類

マクスウェルの方程式を解析的に解くことができる[11]構造は数少なく，現実の問題を解こうとするとコンピュータを利用した数値計算に頼らざるを得ない。そこで，マクスウェルの方程式を数値計算で解くことになるが，その手法（電磁界解析）にもいくつかのアルゴリズムがある。表 1.1 に代表的な電磁界解析アルゴリズムの特徴の比較を示す。代表的な電磁界解析手法として，有限要素法 (FEM; Finite Element Method), モーメント法 (MoM; Method of Moments), FDTD(Finite-Difference Time-Domain) 法がある。本書で説明する電磁界シミュレータは有限要素法に基づくものであるが，扱う問題によって長所と短所があるので，他の解析手法の概要を知っておくことも重要である。

表 1.1　電磁界解析アルゴリズムの特徴の比較

	有限要素法 (FEM)	モーメント法 (MoM)	FDTD 法
メッシュ分割	空間全体	物体表面	空間全体
メッシュ形状	四面体要素等	三角形パッチ等	直方体格子
領域	周波数	周波数	時間
解法	陰解法 （疎行列）	陰解法 （密行列）	陽解法 （安定条件必須）

図 1.11 に各アルゴリズムのメッシュの比較の例を示す。図 1.11(a) が解析構造の例である。自由空間[12]中で励振されたダイポールアンテナから放射された電磁波をパラボラ反射面で反射する構造となっている。

以下に，各電磁界シミュレーション手法のアルゴリズムの概要について説明する。

11　「解析的に解くことができる」とは sin, cos やべき関数などの定義された既知の関数とその四則演算の組み合わせで表現することができるということを意味する。既知の関数とその四則演算で表現された数式を閉形式 (closed-form) と呼び，閉形式で表現できることを「解ける」と呼ぶ。

12　自由空間とは何もない広い空間であり，電磁界問題では無限に広い真空の空間を意味する。

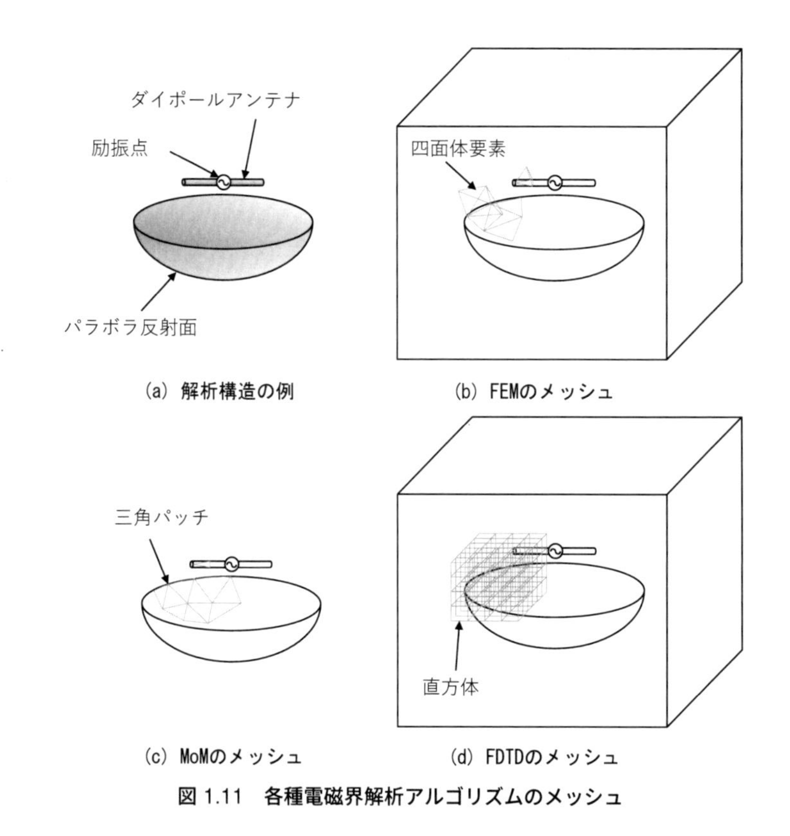

図 1.11　各種電磁界解析アルゴリズムのメッシュ

1.6.1　有限要素法

有限要素法 (FEM; Finite Element Method) は，1950 年代中頃に航空分野において使われはじめた。すぐに土木，熱，流体など他分野へも応用されたが，電磁波分野に広まるのは遅かった。その理由は，スプリアス解という間違った解の出現に悩まされたことであった [10,12]。現在ではこの問題は解決し，電磁波分野でも広く使われている。詳細は付録 A にて説明する。

有限要素法では，図 1.11(b) に示すように 3 角形が 4 面にある四面体要素がメッシュとして主に用いられる。これは，最小の数の面で構成される立体だからである。隣り合う四面体要素は，互いに面を共有するように解析空間全体に配置しなければならない。四面体要素の頂点は任意の場所に配置可能なため，複雑な形状のモデルでも柔軟に対応することができる。ただし，空間全体にメッシュを切らなければならないため，自由空間を模擬するためには，解析空間の境界で電磁波を吸収する吸収境界条件(ABC; Absorbing Boundary Condition)が必要となる。

四面体要素には 6 つの辺があり，各辺に対応する基底関数の線形結合で，四面体要素内部の電界が表現される。各四面体要素内には，6 つの未知数（基底関数に対する重み係数）がある[13]。空間内のすべての四面体要素の未知数を決定するには，莫大な数の未知数を有する行列方程式を解く必要があるが，実際には非常に疎な行列となっているので，次に説明するモーメント法に比べて未知数の数は多いものの，計算コストが大幅に増えるわけではない。

トランジスタ，FET やその実装のための構造など小形デバイスをシミュレーションする際には，たとえ波長に比して小さくても，デバイスをしっかりモデル化できる程度にメッシュを細かく切らなければならない。しかし，それ以外の部分には細かいメッシュは不要なこともある。有限要素法では，空間の一部だけメッシュを細かくすることが自在に行えるので，このような微細メッシュと粗メッシュが共存するような構造のシミュレーションが得意である。

1.6.2　モーメント法

モーメント法 (MoM; Method of Moments) は 1960 年代に多くの研究者によって研究され，Harrington による書籍 [13] によって広く知られるようになった。電磁界の界等価定理によって，異なる媒質の境界に等価電磁流[14]を流すことによって，複雑に多種の媒質が混在する問題を単一の媒質で満たされた簡単な空間の問題に帰着させて解く手法である。

13　四面体以外にも，より面の数が大きな多面体を用いたり，多面体内部の基底関数の次数を増やしたりして同精度でメッシュ数を削減する技術もある。

14　電磁流は，ここでは電流と磁流の両方を意味している。マクスウェルの方程式には電流はあるが磁流はない。しかし，数式上は磁流というものも考えることによって，境界の反対側の電磁界の放射を模擬することができる。

モーメント法では，図 1.11(c) に示すような三角形パッチの面要素がメッシュとして主に用いられる。これは，最小の数の辺で構成される面だからである。隣り合う三角要素は，互いに辺を共有するように異なる媒質の境界に配置しなければならない。三角形要素の頂点は任意の場所に配置可能なため，複雑な形状のモデルにも柔軟に対応することができる。基本的に，境界の外は同じ媒質が無限に広がった空間のモデルとなるため，自由空間のモデル化は簡単で，有限要素法で必要な吸収境界条件は不要である。

三角形要素には 3 つの辺があり，各辺に対応する基底関数の線形結合で，三角要素内部の電磁流が表現される。電流と磁流それぞれについて，各三角要素内には 3 つの未知数[15]がある[16]。空間内の一部にしかメッシュがないので，未知数の数は有限要素法に比べて少なく，計算負荷も軽いように思えるが，実際には行列要素の計算は有限要素法よりも負荷が重く，行列も密行列になるので，有限要素法に比べて圧倒的に負荷が軽いわけではない。

モーメント法では最初から開放空間を扱うため，開放空間に置かれたアンテナなどの解析が得意である。異なる媒質の表面にしかメッシュを切る必要がないので，例えば地球と宇宙探査機のアンテナなどをモデル化した場合，2 つのアンテナの距離がいくら離れていようが間の空間にメッシュを切る必要がなく，計算負荷は増えない。

1.6.3 FDTD 法

FDTD(Finite-Difference Time-Domain) 法は日本語にすると有限差分時間領域法となるが，略称の FDTD 法という用語が使われることが多い。FDTD 法の歴史は 1966 年の Yee の論文 [14] に始まる。原理としては，マクスウェルの方程式の微分形 (1.6) を，時間領域で数値計算の差分法で解く手法である。電界 **E** と磁界 **H** の 2 つの変数が連立方程式の形に

15 基底関数に対する重み係数。

16 三角要素以外にも多角形要素を用いたり，要素内部の基底関数として高次の基底関数を用いてメッシュサイズを減らす技術もある。

なっているが，Yee は **E** と **H** を空間的に半セル[17]ずらして配置し，**E** と **H** の時間更新も交互に行う方法を提案して，シミュレーションに成功した。この手法は現在では Yee-Cell と呼ばれている [15–17]。

FDTD 法では，図 1.11(d) に示すように解析空間全体が直方体にメッシュに切られる。これは，x, y, z 方向で差分を計算するためである。有限要素法やモーメント法と違って差分法を用いるので，行列方程式を解く必要がない陽解法[18]である。ただし，陽解法であるがゆえに，シミュレーションの安定条件[19]に注意する必要がある。時間ステップは自由に選べるわけではなく，セルサイズによって制約を受ける。

FDTD 法は周波数領域の有限要素法およびモーメント法と違って，時間領域の解析法である。したがって，パルス波形の応答を求めるのが得意である。また，広帯域に周波数特性を求めたい場合は，周波数領域の解析手法で角周波数を解析するよりも，時間領域でパルス応答を計算して，フーリエ変換で広帯域な周波数応答を計算する方が速いこともある。

FDTD 法はセルごとに媒質を設定するアルゴリズムになっているため，人体に電磁波を照射したときの電磁界強度の計算，すなわち，電磁波の人体への影響をシミュレーションで計算する手法などによく用いられる [8,15]。また，電磁波照射による人体組織での発熱を計算するには，熱拡散方程式を別途解く必要があるが，熱拡散方程式のためのシミュレーションのモデル化も同時に行えるので効率が良い。

参考文献

[1] J.C. Maxwell: A Dynamical Theory of the Electromagnetic Field, *Philosophical Transactions of the Royal Society of London*, Vol.155, pp.459-512, 1865.

[2] 浅田雅洋，平野拓一：『電磁気学』，培風館，2009.

[3] 稲垣直樹：『電磁気学』，コロナ社，1999 年.

[4] 稲垣直樹：『電気・電子学生のための電磁波工学』，丸善，1980.

[5] H. Hertz: *Electric waves*, pp.144-145, Dover pub inc., 1893.

17　メッシュは周期性を有しており，その最小周期単位をセルと呼ぶ。

18　陽解法と陰解法は，それぞれ行列方程式を解く必要がない問題，ある問題を意味している。

19　時間更新によって数値が発散しない条件。

[6] 徳丸 仁：『光と電波—電磁波に学ぶ自然との対話—』，森北出版，2000.
[7] J.A. Poynting: On the transfer of energy in the electromagnetic field, *Philosophical Transactions of the Royal Society of London*, Vol.175, pp.343-361,1884.
[8] 平野拓一，平田晃正：マイクロ波・ミリ波分野における実測困難な問題へのシミュレーション技術の応用，『電子情報通信学会誌』，Vol. 96，No. 6，pp.401-405，2013.
[9] 中島将光：『マイクロ波工学—基礎と原理』，森北出版，1975.
[10] 『磁性材料・部品の最新開発事例と応用技術』，4.3 節: 有限要素法を用いた電磁界解析技術，pp.175-184，技術情報協会，2018.
[11] 白井 宏：『幾何光学的回折理論』，コロナ社，2015.
[12] J.L. Volakis, A. Chatterjee, and L.C. Kempel: *Finite Element method for Electromagnetics*, IEEE Press, 1998.
[13] R.F. Harrington: *Field Computation by Moment Methods*, Macmillan Co., 1968.
[14] K.S. Yee: Numerical Solution of Initial Boundary Value Problems Involving Maxwell's Equations in Isotropic Media, *IEEE Trans. Antennas Propag.*, Vol.AP-14, No.8, pp.302-307, 1966.
[15] K.S. Kunz, and R.J. Luebbers: *Finite Difference Time Domain Method for Electromagnetics*, CRC Press, Inc., 1993.
[16] 橋本 修，阿部琢美：『FDTD 時間領域差分法入門』，森北出版,1996.
[17] 宇野 亨：『FDTD 法による電磁界およびアンテナ解析』，コロナ社，1998.

第2章

マイクロ波回路とアンテナの基礎

電磁界シミュレーションを行った結果，出力として電磁界分布が得られる。しかしながら，実際に電磁界シミュレーションを行う目的としては，工学応用としてマイクロ波回路やアンテナを対象としていることが多い。本章では電磁界シミュレーションでモデル化するために，また，得られた出力結果を考察するために必要なマイクロ波工学とアンテナ工学の基礎知識について説明する。

2.1 集中定数と分布定数

1.4.1 項で説明したように，電気回路の基礎方程式であるキルヒホッフの法則は，マクスウェルの方程式の低周波近似として導出することができる。つまり，周波数を f，波長を λ，電磁波の速度（光速）を c とすると

$$c = \lambda f \tag{2.1}$$

の関係が成り立つ。低周波の場合には f が小さいので，波長 $\lambda = c/f$ は大きくなる。波長に比して十分小さな[1]回路は，集中定数回路または集中定数素子と呼ばれる。

集中定数回路では，電界（式 (1.19) で電圧を生成）や磁界（式 (1.20) で電流を生成）は回路全体に同位相で印加されることになるので，キルヒホッフの法則に基づく回路理論が成り立つ。また，集中定数回路とみなせる R, L, C は集中定数素子と呼ばれる。

周波数が高くなると波長は短くなり，回路の場所によって位相が異なるために電界や磁界の値が変化する。そのような回路は集中定数素子 R, L, C を用いて等価回路表現すると，空間に R, L, C が分布しているように見えるため，分布定数回路または分布定数素子と呼ばれる。波長に比して長い線路も分布定数回路の一例であり，分布定数線路と呼ばれる。

集中定数について，図 2.1 に示す半波長ダイポールアンテナから放射される電磁波の電気力線を使って説明する。電気力線には電界の向きが示されており，線の密度が強度を表している。中央には縦に長さ半波長 $\lambda/2$ のダイポールアンテナ[2]が置かれており，中央で励振（給電）されている。実際には同軸ケーブルが接続され，内外導体が上下の導体棒に接続されることが多い。

図 2.1 から，場所により電界の大きさや向きが異なっていることがわかる。また，波長より非常に小さな空間[3]を考えると，その内部では電界は一様になっている。励振点部分も同様で，時間的に変化する電磁界であっ

1　基準としては 1/20 波長以下。

2　2 本の導体棒。

3　例えば，1 辺 $\lambda/20$ 程度の正方形。

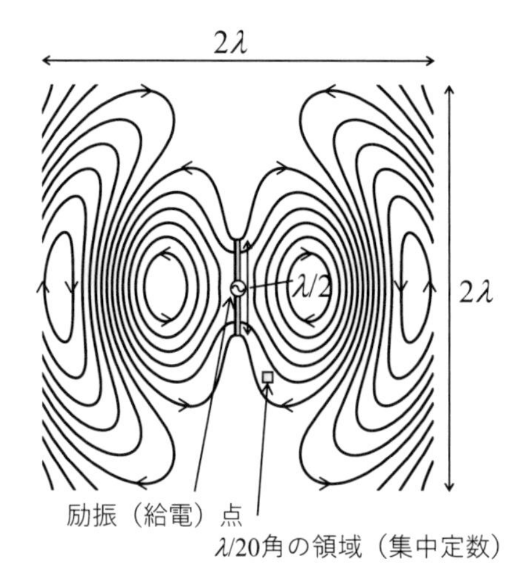

図 2.1　半波長ダイポールアンテナから放射される電磁波の電気力線

ても，波長に比して十分小さな空間に入る素子を考える場合には，その素子は集中定数素子とみなすことができる。

2.2　分布定数線路

前節で説明したように，回路や線路のサイズが波長に比して大きくなると位相差が生じ，たとえ同一金属上であっても同電位ではなくなってしまう。これは線路についても言えることである。図 2.2 に分布定数線路の説明を示す。線路の左側に内部インピーダンス R_0，電圧 V_0 の交流電源が平行 2 本線路に接続されており，右側はインピーダンス Z_L で終端されている。

周波数が非常に高い場合[4]，平行 2 本線路の導体の導電率が無限大（完全導体）であっても，線路の 2 導体間の電位は場所ごとに異なる。電界の変化は光速以上の速さにはならず，真空中では光速で伝搬する波動となる

4　線路の長さが波長程度以上に長い程度の周波数。

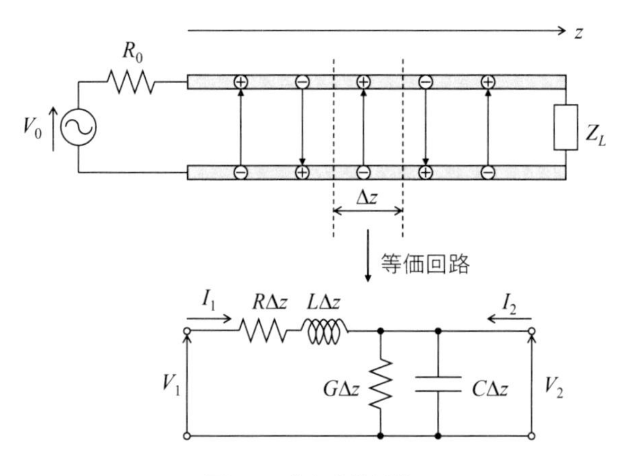

図 2.2　分布定数線路

ためである。

分布定数線路の理論は，1892 年にヘビサイドが著書 [1] に記しており，Δz [m] の長さを考えると，図 2.2 のように R [Ω/m]，L [H/m]，G [S/m]，C [F/m] の等価回路で特性をよく表現することができる。詳細な導出は本書では割愛するが，導出については [2] などを参照いただきたい。

図 2.2 の等価回路から導出される微分方程式は，マクスウェルの方程式を z 軸方向のみに伝搬する 1 次元の方程式と同じ形となる。無損失 $(R = G = 0)$ のときは L が μ に，C が ε に，電圧 V が電界 E に，電流 I が磁界 H に対応する。

図 2.2 のような等価回路で表現できる分布定数線路では，電圧 V と電流 I は波動となり，前進・後退の進行方向成分に分離することができる。

$$
\begin{cases}
V = ae^{-\gamma z} + be^{\gamma z} \\
I = \dfrac{a}{Z_c}e^{-\gamma z} - \dfrac{b}{Z_c}e^{\gamma z}
\end{cases}
\tag{2.2}
$$

ここで，波動の伝搬定数 γ と電圧の電流に対する比である特性インピーダンス Z_c は，次式で計算することができる。

$$\begin{cases} \gamma = \sqrt{(R + j\omega L)(G + j\omega C)} \\ Z_c = \sqrt{\dfrac{R + j\omega L}{G + j\omega C}}\ [\Omega] \end{cases} \tag{2.3}$$

伝搬定数 $\gamma = \alpha + j\beta$ の実部 α は減衰の度合いを表すので減衰定数，虚部 β は振動の速さを表すので位相定数と呼ばれる。線路が無損失 $(R = G = 0)$ のとき減衰定数 α は 0 であり，位相定数 β と特性インピーダンス Z_c は次式のようになる。

$$\begin{cases} \beta = \omega\sqrt{LC} \\ Z_c = \sqrt{\dfrac{L}{C}}\ [\Omega] \end{cases} \tag{2.4}$$

無損失線路では特性インピーダンスは実数となる。波動の位相速度 v_p は次式で与えられる。

$$v_p = \frac{\omega}{\beta} = \frac{1}{\sqrt{LC}}\ [\mathrm{m/sec}] \tag{2.5}$$

また，導波路内での波長 λ_g は $v_p = \lambda_g f$ より次式で与えられる。

$$\lambda_g = \frac{v_p}{f} = \frac{2\pi}{\beta}\ [\mathrm{m}] \tag{2.6}$$

2.3 Z パラメータ/Y パラメータ/S パラメータ

図 2.3 に示すように，ある高周波回路[5]の特性を表現するとき，回路の入出力端子であるポートを定義する。ポートの種類としては，線路の導波路モードで端子を定義する導波路ポートと，電圧源・電流源のような集中素子による波源で定義する集中ポートがある。導波路ポートは，2 本の導線がある平行 2 本線路や同軸線路などをイメージするとよい。

導波路ポートの場合，電圧 V・電流 I が定義できる線路[6]では，電圧 V・

5 散乱体，フィルタ，アンテナ，変換器など。

6 同軸線路や平行 2 本線路などの 2 つ以上の導体からなる線路。

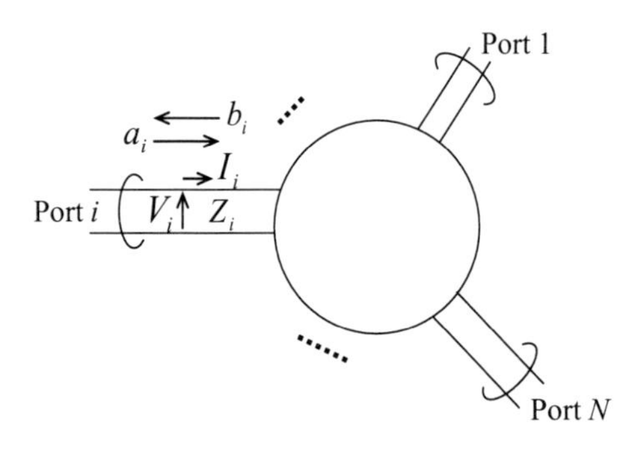

図 2.3　N ポートを有する回路

電流 I をパラメータとして解析することができるが，中空の金属パイプである導波管[7]や光ファイバー[8]などでは，電圧・電流は式 (1.19)，式 (1.20) を用いて定義できない[9]。その場合は，導波路モード（後述）の前進波 a・後進波 b で表現することがある。なお，回路特性を記述する場合，回路に接続された線路において回路側へ進行する波を入力波 a，回路側から出てくる波を出力波 b と表現する。

図 2.4 に 2 ポートを有する回路特性の表現を示す。図 2.4(a) は電圧 V・電流 I による表現であり，回路特性を記述するのに式 (2.7)，式 (2.8) の Z パラメータ，Y パラメータが用いられる。Z パラメータは，行列表現した場合は Z 行列（インピーダンス行列）といわれ，Z パラメータはその成分を意味することもあるが，混同して使われることも多い。Y 行列はアドミタンス行列ともいわれる。

$$\begin{bmatrix} V_1 \\ V_2 \end{bmatrix} = \begin{bmatrix} Z_{11} & Z_{12} \\ Z_{21} & Z_{22} \end{bmatrix} \begin{bmatrix} I_1 \\ I_2 \end{bmatrix}, \mathbf{v} = Z\mathbf{i}(Z = Y^{-1}) \tag{2.7}$$

$$\begin{bmatrix} I_1 \\ I_2 \end{bmatrix} = \begin{bmatrix} Y_{11} & Y_{12} \\ Y_{21} & Y_{22} \end{bmatrix} \begin{bmatrix} V_1 \\ V_2 \end{bmatrix}, \mathbf{i} = Y\mathbf{v}(Y = Z^{-1}) \tag{2.8}$$

7　高周波では電磁波が中を伝搬できる。

8　光も電磁波なので，導波路である。

9　積分経路 Γ, C に依存するからである。

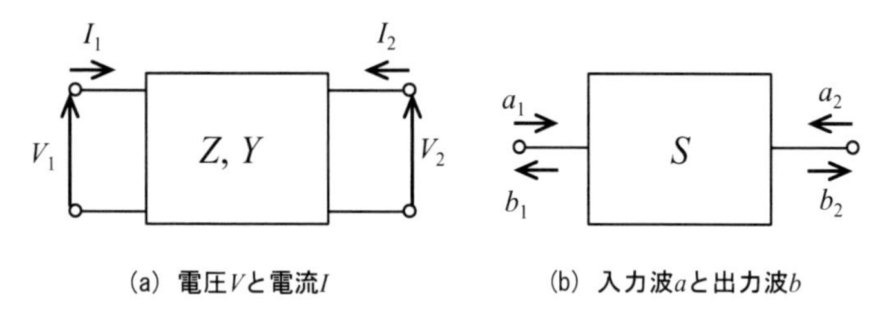

(a) 電圧Vと電流I　　(b) 入力波aと出力波b

図 2.4　Z/Y/S パラメータ

図 2.4(b) は入力波 a・出力波 b による表現であり，回路特性の記述に式 (2.9) の S パラメータが用いられる。S 行列は散乱行列ともいわれる。低周波の電気回路では電圧・電流という物理量で評価するが，それらは電磁波現象の低周波の近似として生じているものであり，実際には電磁波が回路の中に入射したり反射したりした結果，定在波が瞬時に発生している。しかし高周波ではその近似が成立しなくなり，進行する波動として扱わなければならない。

$$\begin{bmatrix} b_1 \\ b_2 \end{bmatrix} = \begin{bmatrix} S_{11} & S_{12} \\ S_{21} & S_{22} \end{bmatrix} \begin{bmatrix} a_1 \\ a_2 \end{bmatrix}, \mathbf{b} = S\mathbf{a} \tag{2.9}$$

一般の N ポートの回路の S パラメータの S_{ij} 成分は，$S_{ij} = b_i/a_j(a_k = 0(k \neq j))$ で計算できることから，ポート j のみから励振したとき，ポート i に出力される成分 b_i との比を意味する。

S パラメータの入力波の係数 a_j と出力波の係数 b_i は，絶対値を 2 乗するとエネルギーの単位になる。$|a_j|^2$ はポート j から入力される波の電力を表し，$|b_i|^2$ はポート i から出力される波の電力を表す。また，a_j, b_i は複素数であり，偏角は波の位相を表す。

図 2.5 に特性インピーダンス Z_c の線路を示す。この線路の電圧・電流は，それぞれ V, I である。また，電圧 V・電流 I と前進波 a・後進波 b との関係は次式のようになる。

$$\begin{cases} a = \dfrac{V + Z_c I}{2\sqrt{Z_c}} \\ b = \dfrac{V - Z_c I}{2\sqrt{Z_c}} \end{cases} \tag{2.10}$$

$$\begin{cases} V = \sqrt{Z_c}(a + b) \\ I = \dfrac{a - b}{\sqrt{Z_c}} \end{cases} \tag{2.11}$$

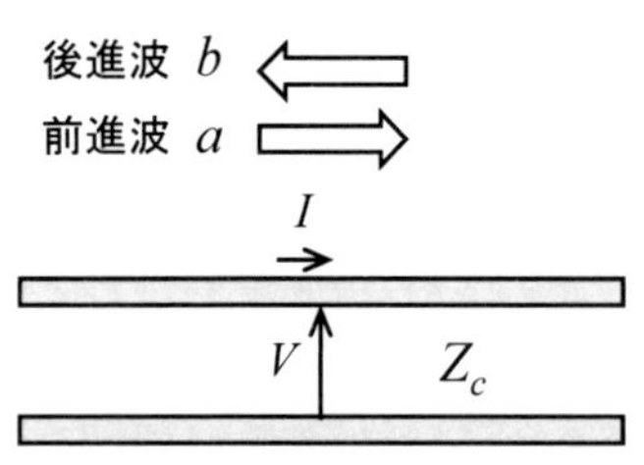

図 2.5　線路の電圧・電流と前進波・後進波の関係

すなわち，進行方向に分離した際には，電圧・電流の値は独立ではなく，特性インピーダンスの比になっている。進行波[10]の特性インピーダンスは線路の断面構造によって決まる。式の導出などの詳細は，文献 [2,3] を参照いただきたい。

また，式 (2.10) と式 (2.11) の関係は，特性インピーダンス Z_c が実数すなわち無損失線路のときのみ成立するものであり，特性インピーダンスまたは集中ポートは，基準インピーダンスが虚部を有する場合にはそのまま使うことができないことに注意する。最近研究が活発に行われているオンチップミリ波帯伝送線路 [4] など損失の大きな線路では，電力波 [5,6] の概念を用いる必要がある。

Z, Y, S パラメータは任意のポート数で定義可能なので，非常に有用であり，電磁界シミュレータで用いられる。回路の従属接続でよく用いられる ABCD パラメータ（F 行列）や，バイポーラトランジスタの記述によく用いられるハイブリッドパラメータ（H 行列）は，2 ポートの場合のみ使用可能なため，汎用的な電磁界シミュレータではサポートされていないことが多い。

同様に，S パラメータを従属接続するための T パラメータがあるが，こ

10　後の節で説明する導波路モード。

ちらもあくまで従属接続することが目的であり，任意の接続方法に対応していないので，通常の電磁界シミュレータではサポートされておらず，必要に応じてユーザーが後処理する必要がある。なお，S パラメータを任意に接続した場合の特性も解析可能である [7]。

次に，Z, Y, S パラメータ間の変換について説明する。式 (2.11) の関係を式 (2.7) に代入し，$\mathbf{b} = S\mathbf{a}$ の形[11]に変形すると Z パラメータから S パラメータへの変換式が得られる。式変形の詳細は著者のウェブサイトの資料 [8] を参照いただきたい。

$$S = (WZW - I)(WZW + I)^{-1} = (WZW + I)^{-1}(WZW - I) \quad (2.12)$$

ただし，I は単位行列，$W = \mathrm{diag}(1/\sqrt{Z_{c1}}, 1/\sqrt{Z_{c2}}, \ldots, 1/\sqrt{Z_{cN}})$ である。なお，$Z_c i$ はポート i が導波路ポートの場合はその線路の特性インピーダンス，集中ポートの場合は内部インピーダンスを表す。diag は引数を対角成分とする対角行列である。

式 (2.12) を Z について解くと，S パラメータから Z パラメータへの変換式が得られる。

$$Z = U(I + S)(I - S)^{-1}U = U(I - S)^{-1}(I + S)U \quad (2.13)$$

ただし，$U = \mathrm{diag}(\sqrt{Z_{c1}}, \sqrt{Z_{c2}}, \ldots, \sqrt{Z_{cN}})$ である。

図 2.6 に異なる特性インピーダンスを有する線路を接続した状態を示す。この場合，線路の特性インピーダンスが異なるため，不連続部で反射が生じる。反射係数は次式のようになる。

$$\Gamma = \frac{Z_2 - Z_1}{Z_2 + Z_1} \quad (2.14)$$

図 2.6 において，線路 2 が右側に向かって無限に長いとき，不連続部から右側を見たときのインピーダンスは Z_2 となる。すなわち，図 2.7 のように不連続部の右側には集中定数素子の負荷 Z_2 が接続されている場合と同じとなる。図 2.7 中の電気長とは，長さが波長に比べて無視できるほど小さな（位相変化が 0 に近い）線路を意味する。

逆に，反射係数 Γ がわかっていて，入力インピーダンス Z_2 を知りたい

11 $\mathbf{a} = [a_1, a_2, \ldots, a_N]^t$, $\mathbf{b} = [b_1, b_2, \ldots, b_N]^t$, t は転置を意味する。

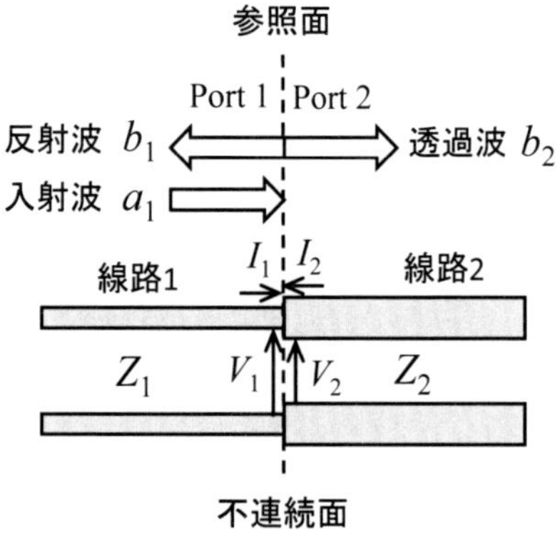

図 2.6　異なる特性インピーダンスを有する線路の接続

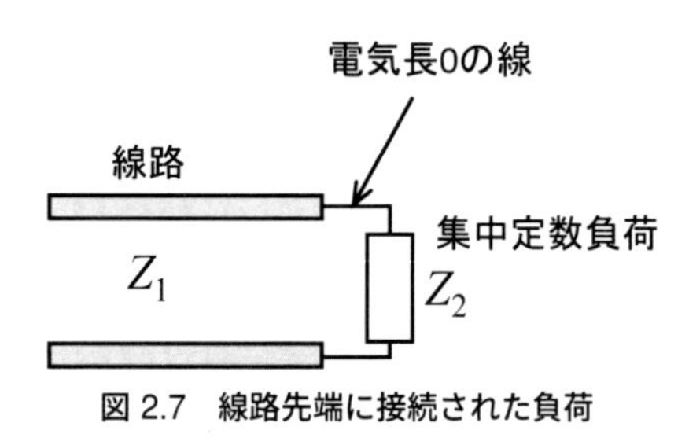

図 2.7　線路先端に接続された負荷

ときは，式 (2.14) を Z_2 について解けばよい。

$$Z_2 = Z_1 \frac{1 + \Gamma}{1 - \Gamma} \tag{2.15}$$

また，図 2.8 に示すような長さ l，特性インピーダンス Z_c の線路のインピーダンス行列 Z は，次のようになる。

$$Z = Z_c \begin{bmatrix} \coth(\gamma l) & \operatorname{csch}(\gamma l) \\ \operatorname{csch}(\gamma l) & \coth(\gamma l) \end{bmatrix} \tag{2.16}$$

図 2.8 の両端の参照インピーダンスを Z_c とした場合の散乱行列 S は，次式となる。

$$S = \begin{bmatrix} 0 & \exp(-\gamma l) \\ \exp(-\gamma l) & 0 \end{bmatrix} \tag{2.17}$$

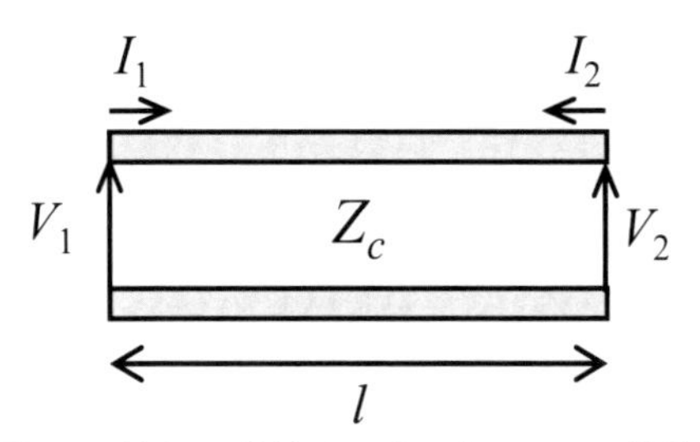

図 2.8　長さ l，特性インピーダンス Z_c の線路

ポート 1,2 に任意の参照インピーダンスを用いる場合は，式 (2.12) を用いて変換できる。

2.4　伝送線路

本節では，応用上よく用いられ，解析解あるいは近似を用いた準解析解が得られている線路について説明する。シミュレータを用いると任意の断面形状の線路を解析できるが，解の検証をするためにも，解析解が得られている線路の特性と照合して確認する必要がある。以下で示す線路の特性インピーダンス等は，著者のウェブサイト [8] で計算できる。

2.4.1　同軸線路

図 2.9 に同軸線路を示す。円筒形の内導体（半径 a）と外導体（半径 b）の間の空間（誘電率 ε，透磁率 μ）を使って，電磁波を伝送するケーブルである。テレビ放送受信信号の屋内配線（アンテナからテレビの端子まで）や，オシロスコープ，スペクトラムアナライザ，ネットワークアナライザなどの測定器用のケーブルまで，幅広く用いられている。電磁波は内外導体の空間に閉じ込められているので，ケーブルの外には電磁界が漏れない。したがって，外部に電磁的な影響を与えず，また外部からの電磁波の影響を受けずに安定した伝送が可能である。

単位長さ当たりのキャパシタンス C，単位長さ当たりのインダクタンス L，特性インピーダンス Z_c，位相定数 β はそれぞれ次式のようになる。

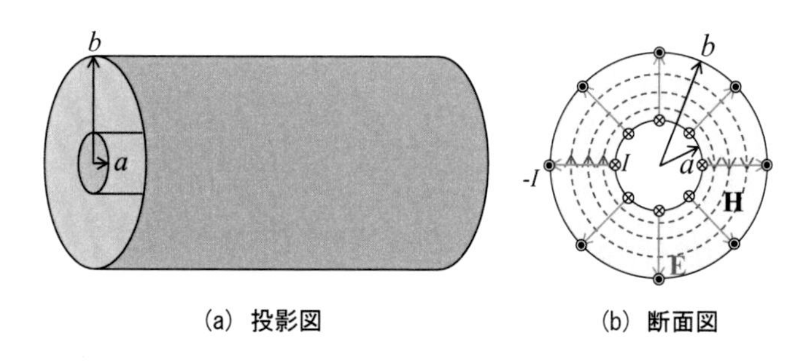

(a) 投影図　　(b) 断面図

図 2.9　同軸線路

$$C = \frac{2\pi\varepsilon}{\ln\frac{b}{a}} \tag{2.18}$$

$$L = \frac{\mu}{2\pi}\ln\frac{b}{a} \tag{2.19}$$

$$Z_c = \sqrt{\frac{L}{C}} = \sqrt{\frac{\mu}{\varepsilon}}\frac{\ln\frac{b}{a}}{2\pi} \tag{2.20}$$

$$\beta = \omega\sqrt{LC} = \omega\sqrt{\mu\varepsilon} \tag{2.21}$$

2.4.2　平行 2 本線路

図 2.10 に平行 2 本線路を示す。2 本の半径 a の円筒状の導体が間隔 d で配置されているケーブルで，フィーダー線とも呼ばれる。同軸線路と異なり，電磁界が断面内で閉じ込められていないため，外部の構造の影響を受けやすい。以前はテレビ放送受信信号の屋内配線に使用されていたが，現在では同軸ケーブルが用いられている。しかし，構造が簡易で安価なため，現在でも特性上の問題が無視できるような電源ケーブルや送電線などに用いられている。

$a \ll d$ の近似が成り立つ場合は計算が簡単で，単位長さ当たりのキャパシタンス C，単位長さ当たりのインダクタンス L，特性インピーダンス Z_c，位相定数 β は，それぞれ次式のようになる。

$$C = \frac{\pi\varepsilon}{\ln\frac{d}{a}} \tag{2.22}$$

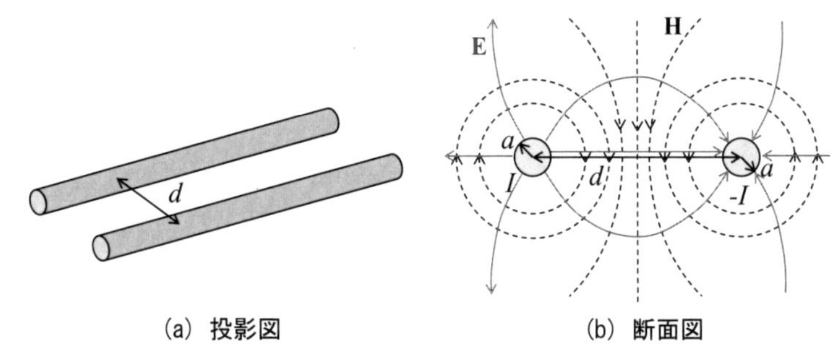

図 2.10　平行 2 本線路

$$L = \frac{\mu}{\pi} \ln \frac{d}{a} \tag{2.23}$$

$$Z_c = \sqrt{\frac{L}{C}} = \sqrt{\frac{\mu}{\varepsilon}} \frac{\ln \frac{d}{a}}{\pi} \tag{2.24}$$

$$\beta = \omega \sqrt{LC} = \omega \sqrt{\mu \varepsilon} \tag{2.25}$$

2.4.3　平行平板線路

図 2.11 に平行平板線路を示す。上下は幅 a の電気壁 (PEC; Perfect Electric Conductor)，左右は高さ b の磁気壁 (PMC; Perfect Magnetic Conductor) となっている。電気壁，磁気壁上では，それぞれ電界，磁界の接線成分が 0 となる。

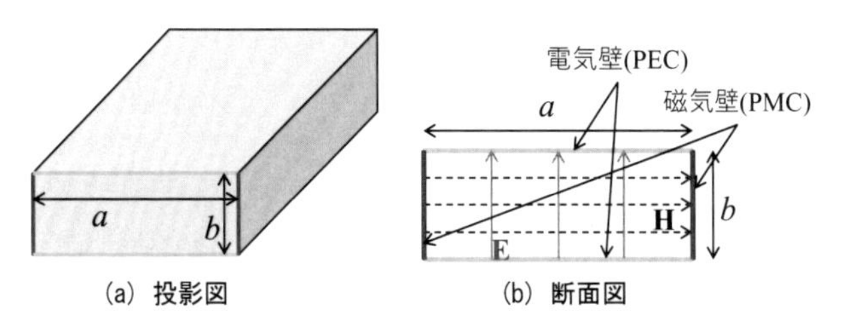

図 2.11　平行平板線路

磁気壁は現実には存在しないが，$a \gg b$ を満たすような幅が広い線路の場合には，左右が開放空間でも線路の外に漏れる電磁界はわずかであり，端部において電界はほぼ垂直となる。したがって，左右が開放空間となっている幅が広い平行平板線路でも，図2.11はよい近似となっている。幅の広いマイクロストリップ線路も同様である。

単位長さ当たりのキャパシタンス C，単位長さ当たりのインダクタンス L，特性インピーダンス Z_c，位相定数 β は，それぞれ次式のようになる。

$$C = \varepsilon a/b \tag{2.26}$$

$$L = \mu b/a \tag{2.27}$$

$$Z_c = \sqrt{\frac{L}{C}} = \sqrt{\frac{\mu}{\varepsilon}}\frac{b}{a} \tag{2.28}$$

$$\beta = \omega\sqrt{LC} = \omega\sqrt{\mu\varepsilon} \tag{2.29}$$

2.4.4　マイクロストリップ線路

図2.12にマイクロストリップ線路 (MSL; Microstrip Line) を示す。マイクロストリップ線路は厚さ h，誘電率 ε の誘電体基板を用い，下面に地板（グランド），上面に幅 w の信号線がある。電磁界分布は，$w \gg h$ のときは平行平板線路に近いが，実際には図2.12(b) のように信号線の左右および上側にも少し広がる。マイクロストリップ線路は電子回路基板 (PCB; Printed-Circuit Board) で制作できるので，低周波回路と高周波回路を一体構成するときに有用である。

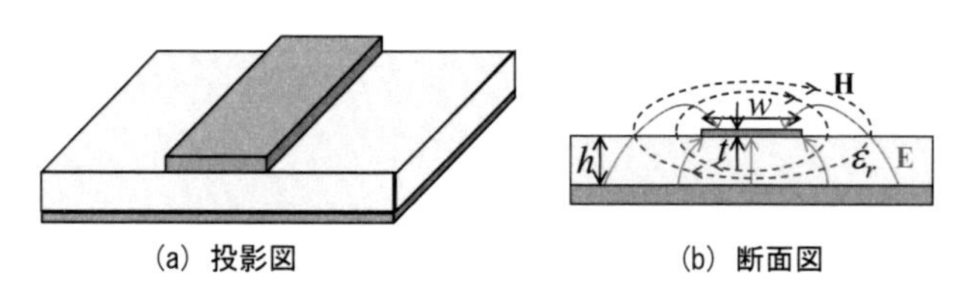

図2.12　マイクロストリップ線路 (MSL)

前項までに説明した同軸線路，平行2本線路，平行平板線路には2つの導体があり，導体以外の空間は同じ媒質のみである。このような構造における電磁界分布はTEM(Transverse Electromagnetic) モードと呼ばれ，電磁界は進行方向成分を持たず，断面内線分のみを有する電磁界分布が伝搬可能である。

一方，マイクロストリップ線路の基板の上部は空気であり，基板の誘電率 ε は普通は空気とは異なる。このように2つ以上の媒質がある場合は，電磁界はTEMモードとはならず，厳密には進行方向成分を有する。特性インピーダンスや伝搬定数の近似を使った解析的な計算がいくつか提案されており，通常使用するマイクロストリップ線路は近似とはいっても実用に供する精度を有している。著者のウェブサイト [8] でも計算可能である。それでも近似計算では不安な場合や，どの周波数まで使用可能か調べる場合には，汎用電磁界シミュレータを用いて計算することができる。

2.4.5　方形導波管

図2.13に方形導波管を示す。幅 a，高さ b の電気壁で覆われた断面が方形の中空（内部の誘電率は ε）のパイプである。周囲の金属はつながっているので，電気回路的に考えるとどのように電圧源あるいは電流源を接続しても短絡してしまい，電圧・電流を伝送できないように思えるが，1.4.1項で述べたように，電圧・電流はあくまで電磁界の時間変化の影響が小さい，あるいは波長に比して小さな部分を考えているときの概念だったことを思い出そう。すなわち，電圧・電流で考えるのではなく，電界・磁界で考えることで，矛盾なく一般的に理解できるのである。

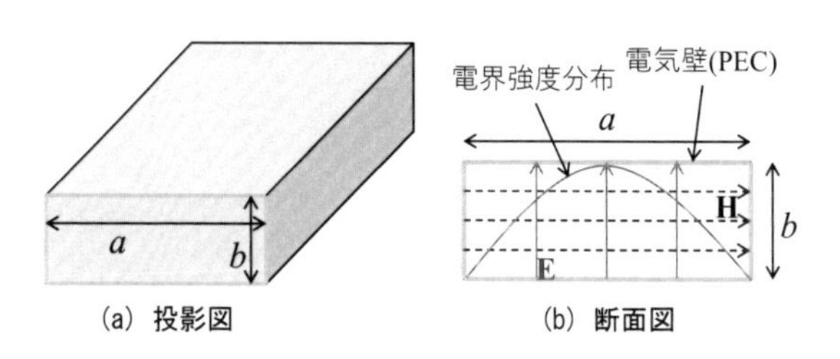

図2.13　方形導波管

ここで，高周波の電磁波ならば，導波管内を伝搬可能であることを説明する。光も電磁波の一部であることを思い出してみよう。光の波長は 400〜800 nm 程度で，人間が見ている物体のサイズ（ここでは導体のパイプとしての導波管）に比べて非常に小さく，周波数は 375〜750 THz と非常に高い。金属のパイプを覗くと向こう側の景色が見えるのと同様，導波管の開口のサイズに比べて非常に小さな波長の電磁波であれば，簡単に内部を通過することができる。このように電磁波の周波数を高くしていくと，ある時点で電磁波は方形導波管内部を伝搬可能になる。

電磁波が伝搬可能になるかならないかの区切りの周波数は，カットオフ周波数と呼ばれる。方形導波管のカットオフ周波数などの計算は文献 [2,3,9] に譲ることにする。また，著者のウェブサイト [8] でも計算可能である。

ここで，モードの概念について説明する。モードは，断面内の電磁界分布がある伝搬定数で進行方向に伝搬するものである。モードの数は無限にあり，それぞれカットオフ周波数や伝搬定数は異なる。図 2.14 に方形導波管の TE_{10} モードおよび TE_{01} モードを示す。TE 波とは Transversal Electric の意味であり，TE と名付けられたモードでは，電界 (Electric Field) は断面 (transversal) 成分しか持たない（進行方向成分を持たない）。同様に，磁界が進行方向成分を持たない TM(Transversal Magnetic) モード（または TM 波）も存在する。また，電界も磁界も進行方向成分を持たないモードは TEM(Transversan Electric and Magnetic) モード（または TEM 波）と呼ばれる。

すでに説明した同軸線路，平行 2 本線路，平行平板線路には TEM 波が存在する。また，TE_{mn} の下添字 mn は幅 a 方向に m 回，高さ b 方向に n 回，正弦波的に断面内で変化する電磁界分布のモードを意味している。図 2.14 には 2 つのモードしか示していないが，m, n は 0 以上の整数のため，モードは無限に存在する。

図 2.14(c) に分散曲線[12]を示す。TE_{10} モードに着目すると，ω が小さい

12　ω-β ダイヤグラムとも呼ばれる。

ときは位相定数 β は 0 である[13]が，ある周波数以上になると β は正の数になり，伝搬することを意味している。そして，周波数をさらに高くすると，今度は次にカットオフ周波数が小さい TE_{01} モードが伝搬し始める。なお，2 つ以上のモードが同時に伝搬すると，位相定数の違いにより時間波形が崩れてしまうため，通常は最もカットオフ周波数が小さなモード[14]のみ伝搬するような条件で使用される。

また，どのモードも，周波数が非常に高くなると位相定数は $\beta = \omega\sqrt{\mu\epsilon}$ の平面波の値に近づく[15]。これは，光の周波数では金属のパイプを通しても反対側の景色がよく見えることの説明となっている。

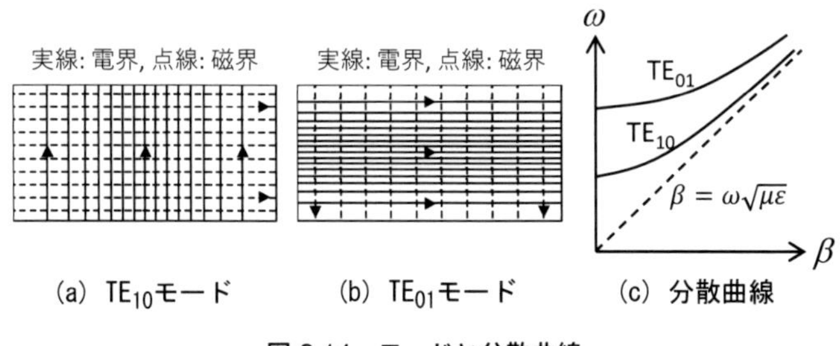

図 2.14　モードと分散曲線

もう一つ，静電界や静磁界とは異なる特徴を説明しておこう。図 2.14(a) の TE_{10} モードにおいて，これまでに説明した線路のように電圧を計算してみよう。TE_{10} モードでは，左右方向の中央で，下の導体から上の導体まで電界が生じており，式 (1.19) を用いて電界を接線線積分すると電圧が生じることがわかる。静電界では同一導体では同電位だったが，一般にはそのような概念は使えないことがわかる[16]。

13　図には描いていないが減衰定数 α が正の数となっている。

14　基本モードと呼ばれる。

15　TEM モードが存在する構造では，TEM モードの分散曲線は $\beta = \omega\sqrt{\mu\epsilon}$ の直線と一致する。

16　電圧とは静電界近似が成り立つような波長に比べて小さな領域でなければならない。

また，式 (1.19) の積分経路を変えて，下の導体中央から周囲の導体に沿って左あるいは右側から回る経路で上の導体中央まで積分すると，0 となる。上下の導体には電界が垂直に入り，左右導体では電界の接線成分は 0 だからである。経路によって電圧が変わってしまうというのも，静電界にはない性質である。そのため，高周波では電圧・電流の概念を用いるよりも，より一般的な電界・磁界に基づくモードの概念を用い，モードの散乱状況を表現する S パラメータがよく利用される。

2.4.6　一般の線路

これまでに説明した線路以外にも，実際には図 2.15 に示すようないろいろな線路が用いられる。前節までに説明した導波路は解析的に，あるいは近似を入れて準解析的に解ける構造であったがが，電磁界シミュレータでは例として図 2.16 に示すような，任意の断面形状を有する線路の解析が可能である。また，媒質も導体のみでなく，誘電体や磁性体，損失のある導体などいろいろな場合がある。このような一般の線路にどのような性質があるか説明しよう。

方形導波管の説明のときのように，一般には電磁界のモードで表現する [10,11]。電磁界モードは次のような表現になる[17]。

$$\begin{cases} \mathbf{E}_u^{(\pm)}(\mathbf{r}) = (\hat{x}\hat{x} + \hat{y}\hat{y} \pm \hat{z}\hat{z}) \cdot \mathbf{e}_u(x, y) \exp(\mp\gamma_u z) \\ \mathbf{H}_u^{(\pm)}(\mathbf{r}) = (\pm\hat{x}\hat{x} \pm \hat{y}\hat{y} + \hat{z}\hat{z}) \cdot \mathbf{h}_u(x, y) \exp(\mp\gamma_u z) \end{cases} \tag{2.30}$$

ここで，添字 u はモードインデックスと呼ばれるモード番号である。通常，周波数を高くしていく場合，最初に伝搬し始めるモードから順番に番号を付ける。$\mathbf{E}_u^{(\pm)}, \mathbf{H}_u^{(\pm)}$ はそれぞれ $\mp z$ 方向に伝搬するモードの番号 u の電界，磁界分布である。モード関数 $\mathbf{e}_u(x, y), \mathbf{h}_u(x, y)$ は導波路の断面形状のみで決まる。また，モード関数は $\mathbf{e}_u(x, y), \mathbf{h}_u(x, y)$ が進行方向 z 成分を有するかしないかによって，表 2.1 のように分類される。

17　$\hat{x}\hat{x}, \hat{y}\hat{y}, \hat{z}\hat{z}$ とその線形結合はダイアドと呼ばれ，ベクトルとの内積 $(\cdot)$ を取ってベクトルになるような演算子である（行列とベクトルの積はベクトルになるので，表現は異なるが行列も同じ働きをする）。上の電界の式では z 成分のみ符号が変わり，下の磁界の式では x, y 成分で符号を変えるための演算子である。

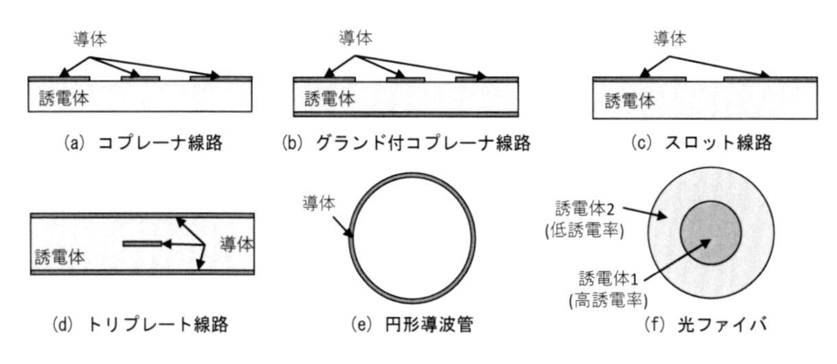

図 2.15 いろいろな導波路

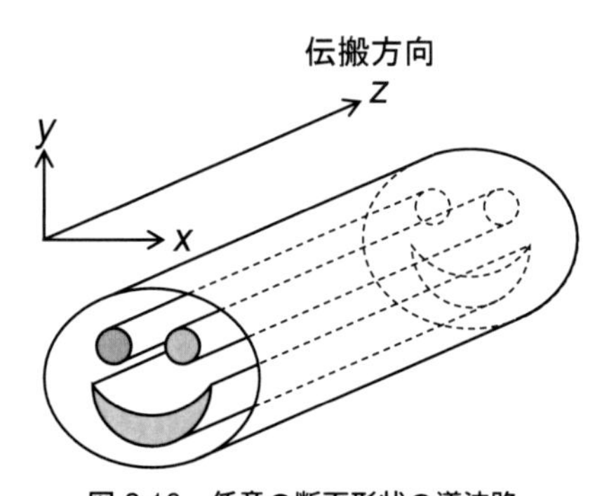

図 2.16 任意の断面形状の導波路

表 2.1 モードの分類

E\H	0	≠0
0	TEM 波	TE 波（H 波）
≠0	TM 波（E 波）	ハイブリッド波

伝搬定数 γ_u は，同じモードでは電界モード関数や磁界モード関数と同じ値である[18]。z 方向への変化は，$\pm z$ 方向へ進む場合は $\exp(\mp\gamma_u z)$ で表

18 つまり，電界モード関数と磁界モード関数はペアであり，独立ではない。

現される。すなわち，導波路のモードといった場合には，モード番号 u がわかれば伝搬定数と電磁界のモード関数が決まる。あとは，そのモードの z 方向への変化を考慮すると，線路上での各モードの電磁界分布は $\mathbf{E}_u^{(\pm)}(\mathbf{r}), \mathbf{H}_u^{(\pm)}(\mathbf{r})$ で表現される。

$\mathbf{r} = \hat{x}x + \hat{y}y + \hat{z}z$ は位置ベクトルである。導波路内の電磁界分布は，式 (2.30) の各モードの電磁界分布の重ね合わせとして次のように表現される。

$$\begin{cases} \mathbf{E}(\mathbf{r}) = \sum_u \left(A_u \mathbf{E}_u^{(+)}(\mathbf{r}) + B_u \mathbf{E}_u^{(-)}(\mathbf{r})\right) \\ \mathbf{H}(\mathbf{r}) = \sum_u \left(A_u \mathbf{H}_u^{(+)}(\mathbf{r}) + B_u \mathbf{H}_u^{(-)}(\mathbf{r})\right) \end{cases} \tag{2.31}$$

A_u, B_u は，それぞれ $+z, -z$ 方向に進むモード u の電磁界分布に対する複素重み係数である。$\mathbf{E}_u^{(\pm)}(\mathbf{r})$ と $\mathbf{H}_u^{(\pm)}(\mathbf{r})$ は独立ではないので，式 (2.31) では同一の係数が使われている。モードが決まれば，それらの比も決まる。また，式 (2.31) の A_u, B_u を決定して初めて電磁界分布が定まるわけだが，そのためには励振状態や境界条件などを決定しなければならない。すなわち，励振した問題を解く場合には A_u, B_u が決定されることになり，B_u の A_u に対する比は S パラメータということになる。

式 (2.30) の各モード関数 $\mathbf{E}_u^{(\pm)}(\mathbf{r}), \mathbf{H}_u^{(\pm)}(\mathbf{r})$ は，式 (2.31) において基底関数として使われているが，その大きさにも自由度がある[19]。通常，重み係数が 1 のときにモードが伝送するエネルギーが 1 になるように，次のように正規化されている。

$$\iint_{S\,(\text{断面内})} \left(\mathbf{e}_u(x, y) \times \mathbf{h}_v(x, y)\right) \cdot d\mathbf{S} = \delta_{uv} \tag{2.32}$$

ここで，$\delta_{uv} = 1\ (u = v),\ 0\ (u \neq v)$ はクロネッカーのデルタである。このように正規化すると，式 (2.31) の係数の絶対値の 2 乗 $|A_u|^2, |B_u|^2$ は伝送エネルギーそのものを表すことになる。また，すべてのモード関数は正規化されているだけでなく，異なるモードは直交している（直交性を有する）ことを意味する。

19　重み係数で調整できるため。

エネルギー伝送を考えた場合，各モードが伝送するエネルギーは独立となる。モードの数 u は無限にあり，すべて考慮すると完備となり，任意の電磁界分布が表現できるようになっている。これは，フーリエ変換で異なる周波数の正弦波の和で任意の関数を表現しているのと類似している。

導波路は通常，周波数を高くしていったときに最初に伝搬する $u = 1$ のモード（基本モードという）のみを使用する。$u > 2$ のモードは高次モードといわれるが，高次モードが伝搬条件であると，屈曲部などでモードが移り変わり，安定した伝送ができないからである。そこで，$u = 1$ の基本モードは伝搬可能であるが，$u = 2$ の高次モードはカットオフになるような条件とする。

同軸ケーブルの基本モードは TEM 波であり，カットオフ周波数は 0Hz なので，直流から伝搬可能である。同軸ケーブルは高周波になるほど細い直径のものが用いられるが，これは $u = 2$ の高次モードのカットオフ周波数を高くするためである。

2.5 アンテナ

アンテナは，空間を介した電磁波の送受信に使われる素子である。送信の際には，回路から伝送されてきた電磁波を効率よく空間に放射する。また，受信の際には空間に飛んできた電磁波を効率良く受信[20]して，回路が接続された伝送線路，または直接回路に送り届ける。

図 2.17(a) に一般的なアンテナの概念図を示す。回路側からアンテナ側に出ていく伝送線路モードの重み係数を a(S パラメータの係数)，アンテナから送られてくる重み係数を b とする。送信の際には，a を入力した際には $b = 0$ となり，$|a|^2$ の全入力電力が空間に放射されることが望ましい。しかしながら，実際には整合[21]が十分ではなく，若干の反射が生じてしまう。また，ミリ波などの高周波では，アンテナの材料自体のオーム損

20　捕獲すること。

21　線路から送られてきた電力をすべてアンテナに通すように反射を抑圧すること。

や誘電体損により，放射される前に熱となってしまうことがある。なお，受信の際も同様で，理想的にはアンテナで受信した電力 b が全部伝送線路を通して回路側に送られる ($a = 0$) ことが望ましい。

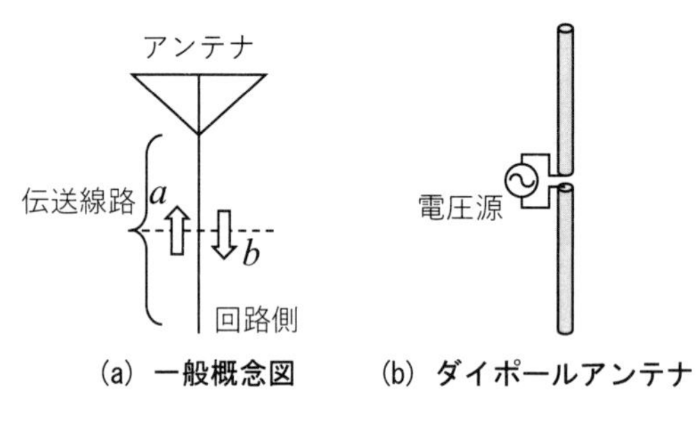

図 2.17　アンテナ

また，図 2.17(b) に示すように，アンテナの給電点[22]に直接集中定数回路を接続する場合もある。この場合は，図 2.1 で説明したダイポールアンテナの給電[23]を電圧源で行っている例を示している。一方，交通系 IC カードのような RFID では，アンテナに給電線を介さず，直接チップの入出力端子を接続することが多い。この場合の反射係数は図 2.17(b) の電圧源の内部インピーダンスを Z_1 とすると式 (2.14) で計算できる。

アンテナは電磁波を放射する素子なので，電磁界シミュレータ利用の目的の上位に入る。しかし，電力の放射を回路の損失とみなして，1 つのアンテナは損失のある 1 ポートマイクロ波回路と考えることもできる[24]。このように，設計者の立場によって見方が変わる。

22　アンテナの入力端子部。

23　電力を供給すること。

24　ただし，アンテナは電磁波が放射される素子なので，他の素子と相互結合が生じる可能性があり，注意が必要である。

2.5.1 反射係数

アンテナの反射係数[25]は次式で定義される。

$$S_{11} = \frac{b}{a} \tag{2.33}$$

これは，Sパラメータのポート数が1つのみであるときの S_{11} の定義に等しい[26]。反射係数が大きいとアンテナとして機能しないため，通常は反射を小さくするように構造を工夫したり，パラメータを調整したりする。反射係数の単位は無次元の複素数であり，$|S_{11}|$ は振幅，$\arg(S_{11})$ は位相を意味する。

振幅について小さな値を拡大してみたいときは，dB（デシベル）[27] [8] の単位を使うことが多い。受動素子のアンテナの場合，$|S_{11}|$ は0～1の範囲[28]の値を取る。図2.18にデシベル値と比の値を示す。対数関数の性質から，大きな値での変化は小さな変化，小さな値での変化は大きな変化に変換される様子が示されている。アンテナの反射係数の目標はシステムの要求によって異なるが，通常は −15dB 以下[29]を目指して設計する。

反射係数の測定にはネットワークアナライザという測定器が用いられ，導波管や同軸線路の端面で校正し，シミュレーションのポートと同様に考えることができるようになっている。ただし，高速通信を目標とした現在の機器では広帯域な特性が必要となるので，特定の周波数だけで評価することは少ない。帯域を考慮する場合には，図2.19に示すように横軸を周波数，縦軸に着目する特性（図では $|S_{11}|$）としたグラフを描き，必要とする帯域内で目標を達成しているかどうか評価する。目標とする特性（図では −15 dB）を達成する下限周波数を f_1，上限周波数を f_2 とした場合，

25　一般のマイクロ波回路でも使う概念である。

26　特に1ポートのみの場合の反射係数 S_{11} は Γ の文字で表現することが多い

27　単位Bはベルであり，d（デシ）は1/10を意味する接頭辞である。無次元の電力比 r_p に対するデシベル値は $10\log_{10} r_p$ と定義される。また，電圧，電流，モード関数の係数などの振幅比 r_a に対するデシベル値は $20\log_{10} r_a$ と定義される。電力比と振幅比で定義が異なるのは，電力比でも振幅比でもデシベルで同じ値にするためである（電力は振幅の2乗のオーダーのため）。

28　dBの単位では $-\infty$～0。

29　反射電力3%程度。

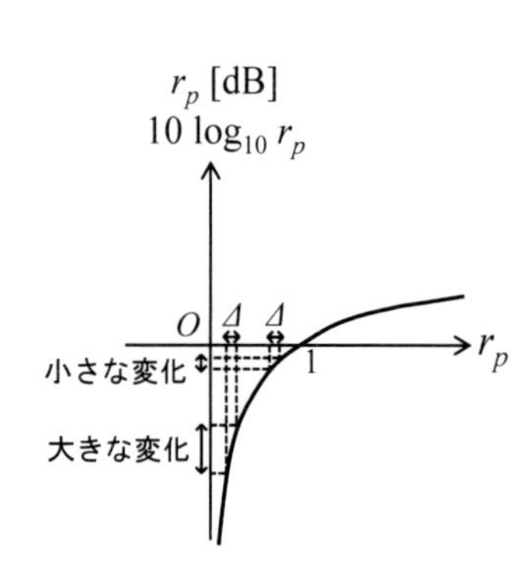

r_p	r_p [dB]
1	0
0.5	-3.01
0.32	-5
0.1	-10
0.032	-15
0.01	-20
0.001	-30
10^{-5}	-50

図 2.18　デシベル

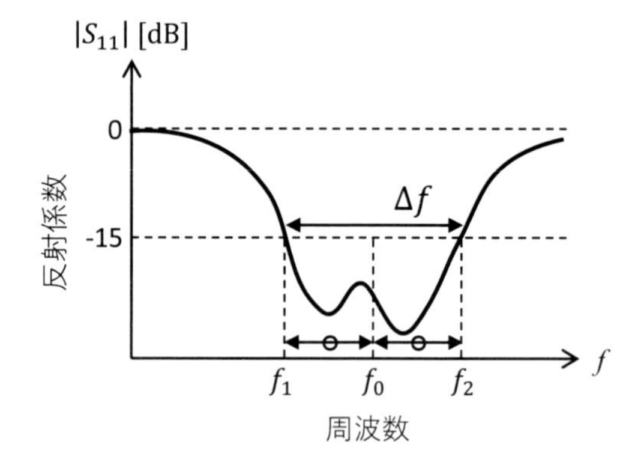

図 2.19　周波数特性

その中心周波数を $f_0 = (f1 + f2)/2$ で定義する。$\Delta f = f2 - f1$ を帯域幅，$\Delta f/f0$ を比帯域[30]という。

2.5.2　入力インピーダンス

アンテナ技術者はアンテナの評価に反射係数 S_{11} を用いる場合が多いが，回路技術者はアンテナを 1 つの回路と見なすため，入力インピーダン

30　百分率で表すことが多い。

ス Z_{in} で評価することが多い。反射係数は S パラメータであり，入力インピーダンスは Z パラメータ/Y パラメータなので，式 (2.12) および式 (2.13) の変換式を使うと等価である。

アンテナは 1 ポートの S パラメータなので，式 (2.12) および式 (2.13) をこの場合について書くとそれぞれ次のようになる。

$$Z_{\mathrm{in}} = Z_0 \frac{1 + S_{11}}{1 - S_{11}} \tag{2.34}$$

$$S_{11} = \frac{Z_{\mathrm{in}} - Z_0}{Z_{\mathrm{in}} + Z_0} \tag{2.35}$$

ここで，Z_0 は S パラメータ/Z パラメータの変換のための基準インピーダンスであり，アンテナを線路で給電している場合は線路の特性インピーダンス，集中定数の電源で給電している場合はその電源の内部インピーダンスである。

整合条件（反射なしの条件）は，反射係数では $|S_{11}| = 0$，入力インピーダンスでは $Z_{\mathrm{in}} = Z_0$ である。微小ダイポールから計算した入力インピーダンスの実部[31]は $80(\pi l/\lambda)^2[\Omega]$ となる [9]。正弦波状電流分布を仮定した半波長ダイポールアンテナの入力インピーダンスの実部は，73.13Ω となる [9]。

2.5.3 電圧定在波比

線路とアンテナとの接続点での電力（電圧・電流）反射の度合いは，反射係数 S_{11}，入力インピーダンス Z_{in} で表現することが可能である。式 (2.34)，式 (2.35) より，1 対 1 の対応関係がある。また，現在ではあまり使われなくなったが，反射の程度を表す指標に，電圧定在波比 (VSWR; Voltage Standing Wave Ratio) [3,4,9] もある。反射波があると線路上に定在波が生じるが，昔は電圧（あるいは電流）の定在波を測定して反射を測定をしたからである。電圧定在波比 ρ と反射係数 S_{11} の関係は，次式で表される。

$$\rho = \frac{1 - |S_{11}|}{1 + |S_{11}|}, |S_{11}| = \frac{\rho - 1}{\rho + 1} \tag{2.36}$$

31　放射抵抗から計算した値である。

式 (2.36) では位相は表現されていないが，定在波の最大値あるは最小値の位置がわかれば，位相情報を得ることも可能である。

2.5.4　スミスチャート

反射係数と入力インピーダンスには，式 (2.34) および式 (2.35) の対応関係がある。どちらかがわかればもう一方がわかるのだが，これを視覚的にわかりやすく表現するものに，図 2.20(a) に示すスミスチャート [2,3] がある。

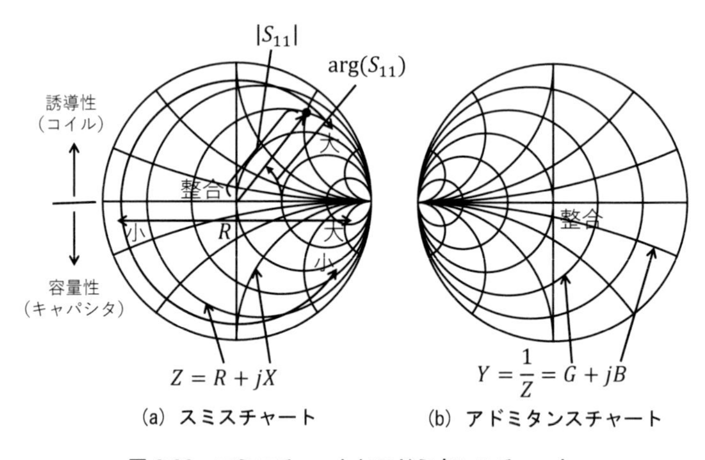

(a) スミスチャート　(b) アドミタンスチャート

図 2.20　スミスチャートとアドミタンスチャート

スミスチャートは中心からの距離（動径）が反射係数の振幅 $|S_{11}|$ を表し，右横軸からの偏角が位相 $\arg(S_{11})$ を意味する。また，そのチャート上に，入力インピーダンス $Z = R + jX$ の $R =$ 一定, $X =$ 一定 の軌跡といくつかの値が記入されており，その値を読むことで入力インピーダンスを知ることができる。中央は反射係数 0 なので，整合して入力インピーダンスは基準インピーダンス[32]であることを意味する。慣れると反射係数と入力インピーダンスが同時に視覚的にわかるので，よく用いられている。

また，入力アドミタンスと反射係数の関係を描いたアドミタンスチャー

32　通常は 50Ω。

ト（図 2.20(b)）や，スミスチャートとアドミタンスチャートを重ねて描いたイミタンスチャートもある。これらのチャートは，マイクロ波およびアンテナ工学において，スタブを用いて整合を取る際に活用される。

2.5.5　放射効率

送信モードのアンテナを考えた場合，アンテナに入力する電力を P_{in} とすると，その電力はすべて空間に放射されるのが望ましい。しかし図 2.21(a) に示すように，反射（反射電力 P_{ref}）によりアンテナから放射されるエネルギーは減ってしまう。この損失を整合損失という。

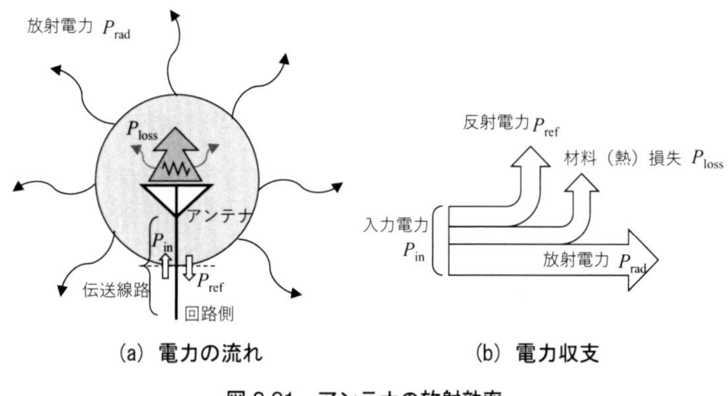

(a) 電力の流れ　　(b) 電力収支

図 2.21　アンテナの放射効率

また，アンテナに誘電体が用いられており，その抵抗成分が無視できない場合には，材料による熱損失（P_{loss}）が生じる（図 2.21(b)）。低周波ではそれほどでもないが，ミリ波帯以上[33]の高周波になると，顕著に現れる。

このようにして，最終的にアンテナから空間に放射される電力 P_{rad} は P_{in} から減ってしまう。アンテナの放射効率[34] η は，アンテナへの入力電力に対する空間に放射される電力の比で定義される。

33　30GHz 以上。

34　アンテナ効率とも呼ばれる。

$$\eta = \frac{P_{\mathrm{rad}}}{P_{\mathrm{in}}} \tag{2.37}$$

放射電力の測定は，各種測定法が考案されているが，空間全体で放射されている電磁界を測定しなければならないので，非常に難しい [12]。シミュレーションを用いると放射効率の計算は測定に比べて容易なので，放射効率の見積もりにはシミュレータが非常に有用である。

2.5.6　利得

増幅器（アンプ）には，電力を何倍増幅できるかという指標である利得が定義されているが，アンテナにも利得が定義される。アンテナは受動素子であり，電力が追加供給されることはないが，電磁波を飛ばす方向を制御し，方向に応じて強度分布を変化させることは可能である。

図 2.22(a)(b) は中央にアンテナがあるとし，遠方に飛んでいる電磁波の電力強度の方向依存性が描かれている。図 2.22(a) は無指向性と呼ばれ，全方向に同じ強度で放射された電磁波が広がる[35]。原点のアンテナの位置から強度分布の線まで直線を引いた線の長さが電磁波強度（電力密度）を表している。

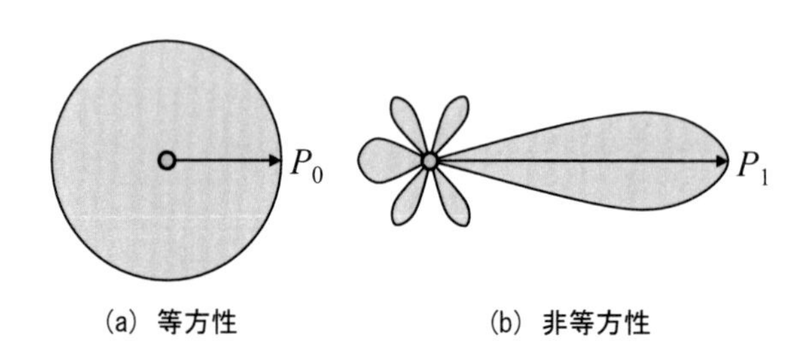

図 2.22　アンテナの利得

アンテナの放射効率が同じであるとすると，図 2.22(b) のようにある方向へ出る電力を弱くすれば，ある方向で強くなる。図 2.22(b) では右側が強くなっている。このように，無指向性のアンテナに対してどれだけ強く

35　ただし，そのようなアンテナを作ることはできない。

放射されるかという指標がアンテナの利得 D の定義である。

無指向性のアンテナの電力密度を P_0，着目しているアンテナの指定した角度の利得を P_1 とすると，その角度の利得は次式で定義される[36]。

$$D(\theta, \varphi) = \frac{P_1(\theta, \varphi)}{P_0} \tag{2.38}$$

利得は着目する角度 (θ, φ) によっても異なるので，角度の関数となっている。また，電磁波には偏波があるので，偏波を考慮した利得，また偏波を無視した利得などいくつか定義の違いがある。図 2.22(a)(b) アンテナが全角度に放射する電力の総和は等しいとした場合，アンテナの角度による放射強度のみを考慮して利得を定義していることになる。この定義の利得は指向性利得といわれる。

それに対して，2.5.5 項の放射効率で説明したように，実際にはアンテナの給電部分での反射や，材料による熱損失がある。これらの損失も考慮した利得は，アンテナ利得 G といわれる。指向性利得とアンテナ利得は，放射効率 η を用いて次のような関係になっている。

$$G(\theta, \varphi) = \eta D(\theta, \varphi) \tag{2.39}$$

また，利得は角度の関数となっているが，アンテナは最大利得方向が重要であることが多いため，角度を変化させて最大値を取る最大指向性利得 D_{max}，最大アンテナ利得 G_{max} が性能指標として用いられることも多い。

$$\begin{cases} D_{\mathrm{max}} = \max\limits_{\theta,\varphi} D(\theta, \varphi) \\ G_{\mathrm{max}} = \max\limits_{\theta,\varphi} G(\theta, \varphi) \end{cases} \tag{2.40}$$

利得の単位にもデシベル (dB) を用いることが多い。アンテナの利得をデシベル表示する際は等方性 (isotropic) アンテナと比較した強度ということを明示的に示して dBi と，dB の後ろに i を付ける習慣があ

36 無指向性のアンテナは実際には作れないので，アンテナ工学では P_0 として測定可能な半波長ダイポールアンテナの利得が用いられることもある。しかし，使いにくいので現在はあまり用いられない。

る[37]。微小ダイポールの指向性利得は $(3/2)\sin^2\theta$，最大指向性利得 1.5 (1.76dBi)，正弦波状電流分布を仮定した半端長ダイポールアンテナの利得は $1.64[\cos((\pi/2)\cos\theta)/\sin\theta]^2$，最大指向性利得 1.64 (2.15dBi) となる [9]。

2.5.7　放射パターン

2.5.6 項でも取り上げたが，指向性とは利得の角度特性のことを意味する。図 2.23 に微小ダイポール[38]からの放射の指向性の説明を示す。

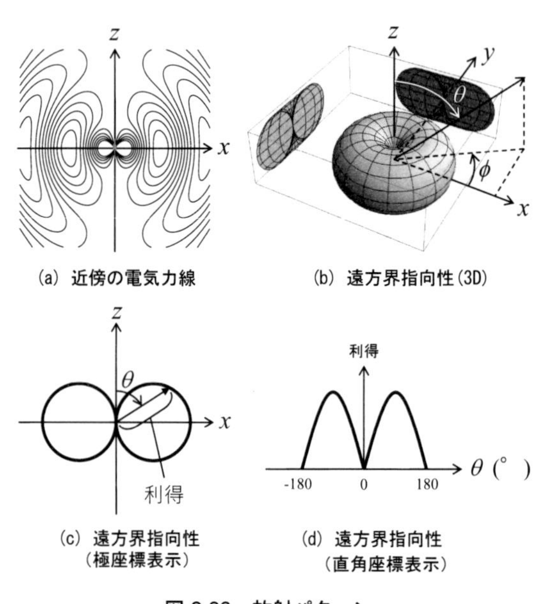

図 2.23　放射パターン

図 2.23(a) は，アンテナから放射される電気力線を示している。これは

37　等方性アンテナは実際には作れないので，実験ではダイポールアンテナの強度と比較することがある。その場合は dBd という単位が用いられるが，回路技術者との調整が不便なこともあり，現在はあまり用いられない。

38　波長に比べて長さが短いダイポールアンテナ。

アンテナの近傍の様子を描いたものである。図 2.23(b) は，アンテナから十分遠方における電磁界強度の角度特性を示したものである。アンテナが配置された原点から曲面までの距離が，利得を表している。十分遠方に行くと，アンテナは点に見え，アンテナ上の任意の位置から遠方の観測点まで引いた線はいずれも平行と見なせ，それ以上離れても位相差は変わらなくなるので，指向性の形状はアンテナからの距離に依存しなくなる。

利得は 3 次元空間の角度 (θ, φ) 特性を持っており，立体で図示すると直観的にわかりやすいが，値を読み取りにくいので，着目するカット面の指向性を 2 次元平面に射影して描くこともある[39]。このように，x-z 面でカットして描いた指向性が図 2.23(c) である。図 2.23(c) でも，アンテナから曲線までの距離がその方向の利得を表している。この表示でも，直観的にどの方向が強いか，弱いかといった定性的な特性はわかりやすいが，具体的な利得の値は読み取りにくい。そのため，図 2.23(d) のように横軸に角度，縦軸に利得をプロットする表示方法もある。図 2.23(b)(c)(d) のどれを使うかは，目的に応じて使い分ければよい。

アンテナ工学では指向性を有するアンテナのビーム[40]に対して名称があるので，ここで解説しておこう。図 2.24 によく使われるアンテナのビームの名称を示す。ヌル（強度 0 の角度）または極小値で区切られた部分をローブといい，一番強く放射する方向を有するローブはメイン（主）ローブまたはメイン（主）ビームといわれる。メインローブの最大値から 3dB（電力で 1/2）落ちる角度範囲はビーム幅または電力半値ビーム幅 (HPBW; Half Power Beam Width) といわれる。メインローブの隣のローブは第 1 サイドローブ，さらにその隣のローブは第 2 サイドローブといわれ，第 3,4 と続く。メインローブと反対方向のローブはバックローブといわれる。

通常，放射パターンというときは，遠方界のパターンである。遠方とは，アンテナからの距離が変わっても放射パターンの形が変わらないほど

39　一昔前はコンピュータの発達が不十分で，3 次元の曲面を描けなかったというのも理由の一つである。

40　放射強度の強い角度。

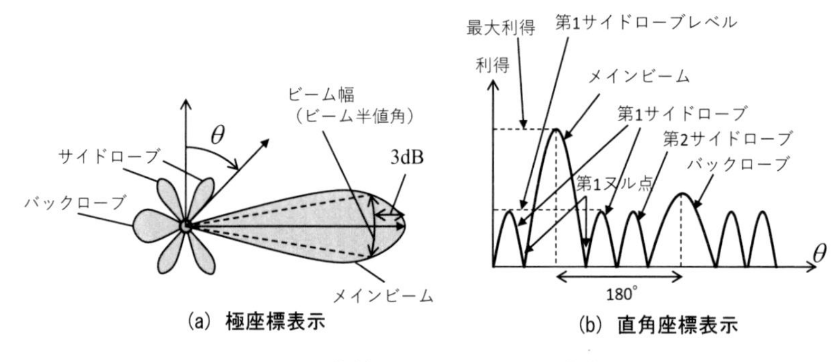

図 2.24　放射パターンとビームの名称

遠い距離のことである。遠く離れるとアンテナは点に見え（立体角が小さくなり），それ以上離れてもアンテナ上の電流が放射する位相差は変わらなくなる。アンテナを包み込む最小の球の直径を D とすると，アンテナから $2D^2/\lambda$ 以上離れた距離を遠方界という[41] [13]（図 2.25）。

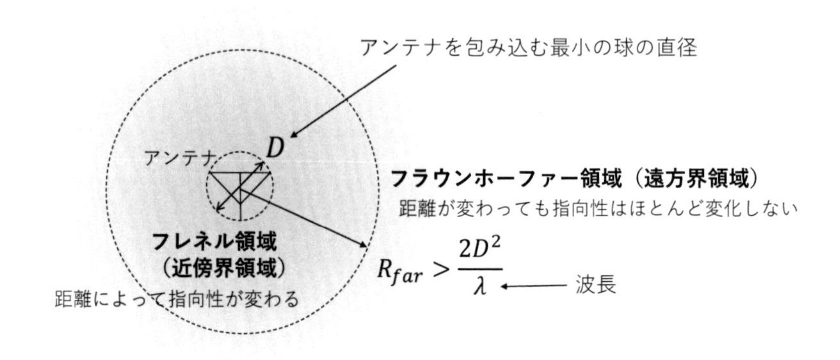

図 2.25　遠方界条件

41　利得の測定誤差を 2% 以下に抑えるためには，最大経路差を $\lambda/16$（位相差が $\pi/8$）以下にすればよいという条件から導出される。

図 2.26 のように受信アンテナの大きさも有限で，送受信アンテナ 2 つのアンテナを包み込む最小の球の直径をそれぞれ D_1, D_2 とし，アンテナの利得を測定する送受信特性を考えた場合は遠方界条件は $2(D_1+D_2)^2/\lambda$ 以上の距離となる。

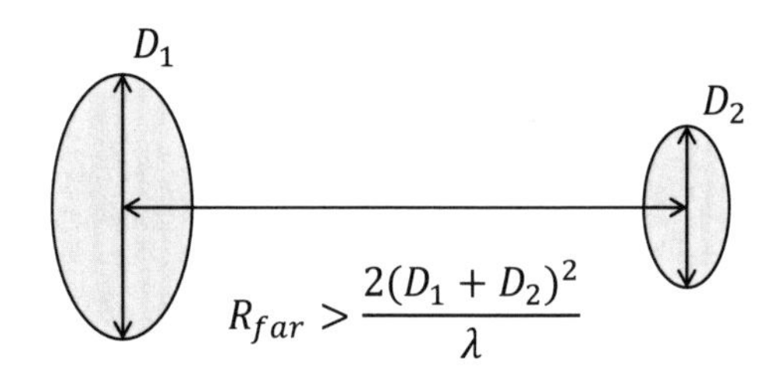

図 2.26　遠方界条件 (送受信アンテナとも有限な大きさの場合)

2.5.8　実効長と実効面積

これまで送信モードのアンテナについて説明してきたが，アンテナは送信だけでなく受信にも使うことができる。受信モードのアンテナの性能は送信モードのアンテナの性能に比例する。一般的に，送信アンテナを考えた際に，ある方向に利得が高いアンテナは，その方向から来る電磁波の受信感度も高い。詳細は割愛するが，可逆定理[42] [13] に基づく性質である。特定の方向に声を伝えたいときにはメガホンを使い，逆に音を聞くときにはメガホンの狭い口の部分に耳を当て，聞きたい方向に広い口を向けるのと同じ性質である。

数式を用いてもう少し説明しよう。図 2.27 に示すように離れた位置にある 2 つのアンテナのポートを 1,2 とすると，S パラメータは 2×2 の S

42　あるいは相反定理ともいわれる。

行列で表現される。このとき，アンテナを含めた空間が可逆媒質[43]のみから成るとすると，可逆定理より一般に $S_{21} = S_{12}$ が成り立つ。すなわち，ポート 1 からポート 2 に通過する特性とポート 2 からポート 1 に通過する特性は，振幅・位相ともに等しいことが保証されている。

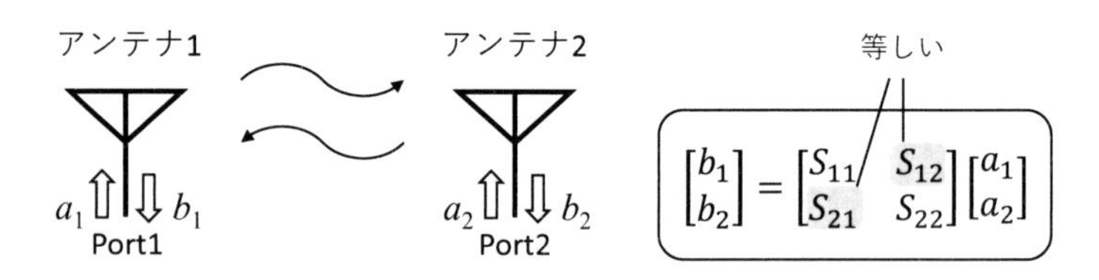

図 2.27　2 つのアンテナの S パラメータ

さてここで，受信モードのアンテナが受信できる電力について考える。通常，通信は遠方のアンテナ同士で行うので，送信アンテナから送られた電磁界は受信アンテナの位置で一様であると考えることができる。したがって，その一様な電界強度から受信電圧あるいは受信電力が計算できると便利である。線状アンテナの実効長と開口アンテナの実効面積は，この目的のために使われる特性である。

図 2.28(a) の線状アンテナに対する実効長 l_e について説明する。線状アンテナの例として図 2.28(a) の左のようなアンテナを考える。先端開放平行 2 本線路の先端 1/4 波長を開放して上下に折り曲げた構造をしているので，電流分布は近似的に正弦波の形状となる。この分布形状を長方形に換算したときに，面積が同じになる長さが実効長 l_e である。活用法としては，一様な電界 E_0 中に置かれたときにアンテナの開放給電点に生じる電圧は，実効長 l_e を用いると次式で計算できる [9]。

$$V = l_e E_0 \tag{2.41}$$

43　電気定数 ε, μ, σ がスカラー値であれば可逆である。通常の媒質はこのような性質を有する。より一般の場合には電気定数は方向成分によって異なり，行列（テンソル）で表現されることになるが，対称行列であれば可逆媒質，非対称行列ならば非可逆媒質であるという。

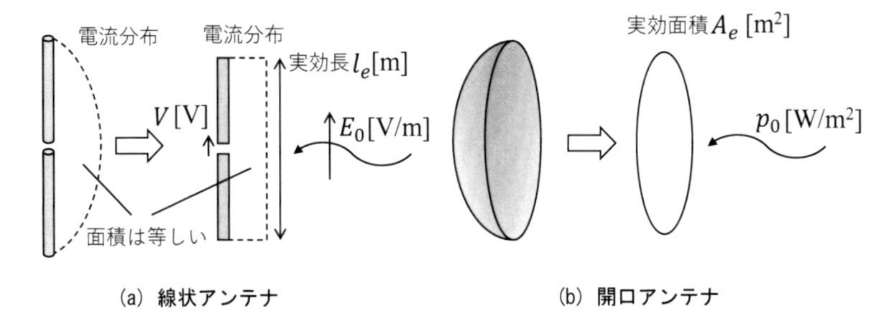

(a) 線状アンテナ　　(b) 開口アンテナ

図 2.28　実効長と実効面積

また，図 2.28(b) の開口アンテナに対する実効面積 A_e について説明する。開口アンテナの例として図 2.28(b) の左のようなパラボラアンテナを考える[44]。電力密度 p_0 の電磁波が受信アンテナ開口に飛んできたとき，その面積の電力をすべて捕獲してケーブルに伝えるのが望ましいが，実際には不可能である。そこで，実際のアンテナの開口面積とは一致しないが，受信できる電力を等価的に表現するために 100% の電力を捕獲できる面積 A_e（実効面積）を考えると，受信できる電力 P は次式で計算できる。

$$P = A_e p_0 \tag{2.42}$$

また，「ある方向に利得が高いアンテナは，その方向から来る電磁波の受信感度も高い」ということを数式で表現すると次のようになる。

$$\frac{A_e}{G} = \frac{\lambda^2}{4\pi} \tag{2.43}$$

ここで，λ は波長である。可逆定理を用いると，任意のアンテナの利得と実効面積の比は等しいことがわかり，その値は具体的なアンテナや開口について計算することで，式 (2.43) が得られる [9, 13]。式 (2.43) の両辺を λ^2 で割ると $(A_e/\lambda^2)/G = 1/(4\pi)$ となり，波長換算の面積と利得は比例関係にあることを示す。

実効長と実効面積はあくまで電圧と電力の受信を計算するための実効的

44　他にもホーンアンテナ，レンズアンテナ，導波管スロットアンテナなどがある。

な長さと面積であり，正確に説明すると，線状アンテナと開口アンテナの区別はない。正弦波状電流分布を仮定した半波長ダイポールアンテナの実効長は λ/π となる [9]。

最後に，送受アンテナ共用方式について説明しておこう。シミュレーションのためには特に必要ではないが，システムの原理を理解しておくことは重要である。アンテナを送信・受信の両方に使用する場合，送信回路の出力端子，受信回路の入力端子，アンテナ端子を単に接続するだけではうまくいかない。そのようにすると，送信回路の出力はアンテナに出るだけでなく受信回路の入力端子にも回り込んでしまうし，アンテナで受信した電力は送信回路の出力端子にも入ってしまうからである。

しかし，送信・受信用のアンテナを 2 つ用意するのは，コストのみならず場所の不足の問題も生じる。そこで，図 2.29 で説明するような，1 つのアンテナを送信にも受信にも利用するためのアンテナ共用方式がある。

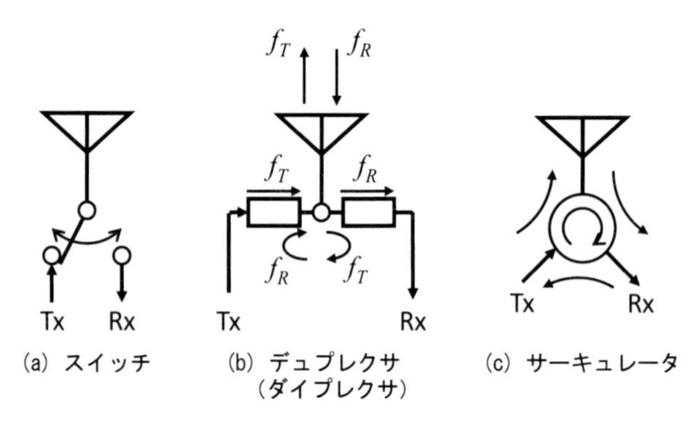

図 2.29　送受アンテナ共用方式

図 2.29(a) は FET などを利用したスイッチを利用する方法であり，送信と受信の時間を細かく分けて切り替える方式である。主に，時分割複信 (TDD; Time Division Duplex) 方式で用いられている。

図 2.29(b) はデュプレクサあるいはダイプレクサと呼ばれるフィルタで実現される素子を利用する方式である。送受信の周波数が異なる場合にはフィルタを用いてアンテナを共用することができる。主に，周波数分割複

信 (FDD; Frequency Division Duplex) 方式で用いられている。

図 2.29(c) は非可逆媒質を利用したサーキュレータと呼ばれる素子を使い，送信回路から出力された信号はアンテナポートのみに出力され，アンテナで受信された信号は受信回路のみに出力される。非可逆媒質としては，磁化されたフェライトなどが用いられる [3]。

2.5.9　フリスの伝達公式

アンテナの利得が定義されていると，遠方で通信する 2 つのアンテナの送受信電力の関係が計算できる。この公式がフリスの伝達公式 [14] である。図 2.30 に導出の過程を示す。

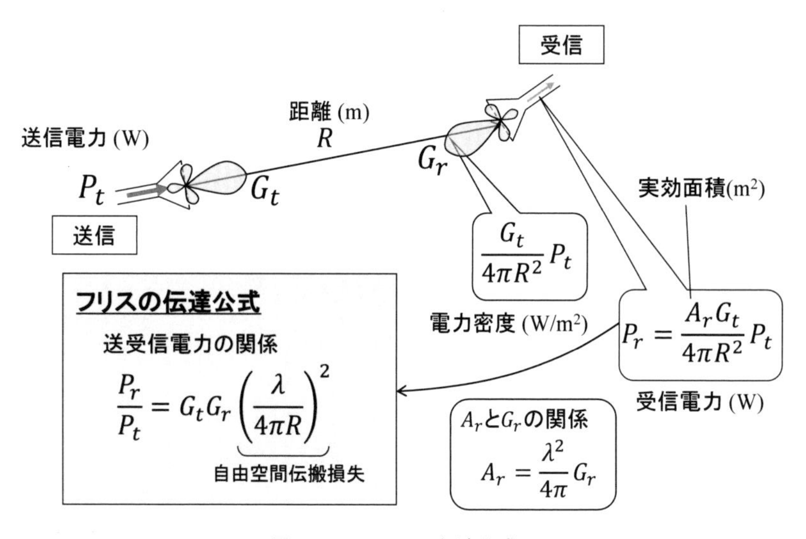

図 2.30　フリスの伝達公式

送信アンテナへの入力電力を P_t，受信アンテナの出力電力を P_r，送受信アンテナの利得をそれぞれ G_t，G_r，送受信アンテナ間の距離を R，波長を λ とすると次のフリスの伝達公式が成り立つ。

$$\frac{P_r}{P_t} = G_t G_r \left(\frac{\lambda}{4\pi R}\right)^2 \tag{2.44}$$

$(\lambda/(4\pi R))^2$ は自由空間伝搬損失といわれ，距離 R がアンテナサイズおよび波長 λ に比して非常に大きいときは精度よく成り立つ。有限要素法シミュレーションでは，送受信アンテナを両方ともモデル化してシミュレーションを行うと，間の空間にもメッシュを切らなければならず，計算負荷が非常に重いので，送受信アンテナの距離が離れている場合はフリスの伝達公式を使うとよい。

2.6　散乱問題

本節では散乱問題について説明する。散乱問題の工学的な応用としては航空機や船舶のレーダーによる捕捉などがある。

2.6.1　散乱断面積

電磁波が物体に照射（入射）された場合に，電磁波がどのように周囲に散乱されるか特性を表すパラメータが，図 2.31 で説明する散乱断面積 (RCS; Radar Cross Section)σ である。

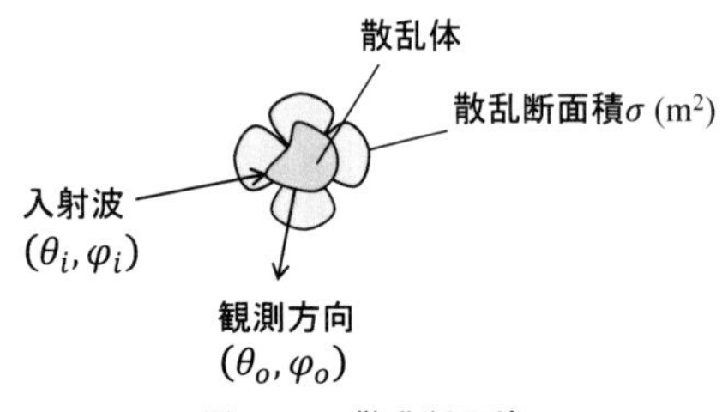

図 2.31　散乱断面積

散乱断面積は入射方向 (θ_i, φ_i) から電磁波が照射され，観測方向 (θ_o, φ_o) にどのような強度で散乱されるかを表現する。散乱強度はアンテナの指向性と似た概念であるが，観測方向によって異なり，入射波方向の関数でもあるという点でより複雑である[45]。入射波 $\mathbf{E}_i(\mathbf{H}_i)$ は波源が遠方

45　その意味で散乱指向性とも呼ばれる。

にあるので，平面波を仮定している。散乱断面積は次式で定義される。

$$\sigma(\theta_i, \varphi_i; \theta_o, \varphi_o) = \lim_{R\to\infty} 4\pi R^2 \frac{|\mathbf{E}_o|^2}{|\mathbf{E}_i|^2} = \lim_{R\to\infty} 4\pi R^2 \frac{|\mathbf{H}_o|^2}{|\mathbf{H}_i|^2} \tag{2.45}$$

ここで，R は散乱体から観測点までの距離であり，観測方向の電磁界 $\mathbf{E}_o(\mathbf{H}_o)$ は $1/(4\pi R^2)$ で減衰するので，遠方では $4\pi R^2 |\mathbf{E}_o|^2$ $(4\pi R^2 |\mathbf{H}_o|^2)$ は一定値に収束する。σ の物理次元は面積 $[\mathrm{m}^2]$ であり，平面波を完全に反射する平面散乱体があるとして，それがどの程度の面積であるかを意味している。

さらに，散乱断面積は入射波と観測方向の偏波特性の関数にもなっている。入射方向と観測方向が一致する場合の σ を，後方散乱断面積という。散乱断面積も dB を取ることが多いが，$1\mathrm{m}^2$ で除した値に対する dB は dBsm (dB square meter)，入射波の波長の 2 乗で除した値に対する dB は dBsw (dB square wavlelength) の単位を用いる。

2.6.2 レーダー方程式

2 つの送受信アンテナの伝送特性を記述するフリスの伝達公式に対応して，2 つのアンテナの間に散乱体があり，それによる散乱波を受信したときの伝送特性を記述する公式が，レーダー方程式である。

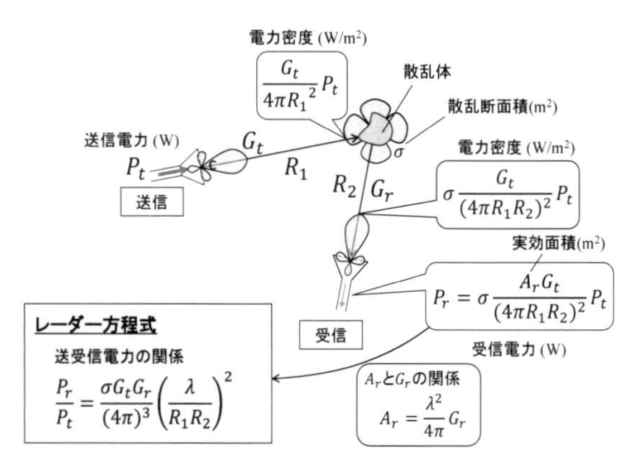

図 2.32 レーダー方程式

図 2.32 に導出の過程を示す。送信アンテナへの入力電力を P_t，受信アンテナの出力電力を P_r，送受信アンテナの利得をそれぞれ G_t，G_r，送信アンテナと散乱体との距離を R_1，受信アンテナと散乱体との距離を R_2，散乱体の散乱断面積を σ とすると，波長を λ とすると次のレーダー方程式が成り立つ。

$$\frac{P_r}{P_t} = \frac{\sigma G_t G_r}{(4\pi)^3}\left(\frac{\lambda}{R_1 R_2}\right)^2 \tag{2.46}$$

送受信アンテナを同じ位置にする方式はモノスタティックレーダーと呼ばれ，異なる位置にする方式はバイスタティックレーダーと呼ばれる。

2.7　固有値問題

本節では固有値問題について説明する。これまでに説明したマイクロ波回路やアンテナは，どこかに入射波があり，なんらかの波源で励振しているという特性を持っていた。しかし，2.4.6 項で説明した導波路モードの解析や，マイクロ波回路のフィルタに用いる共振器あるいはアンテナなどの素子の共振周波数を調べるときは，励振波源なしで，どの周波数で共振[46]するかを計算したい。電磁界解析では 1.3 節の図 1.6(b)(c) に相当する問題であり，数値計算では固有値問題を解くことになる。電磁界シミュレータでも，固有値問題の解析ができるものもある。励振がないことに戸惑わないように，1.3 節の解析の種別をよく理解しておく必要がある。

導波路モード解析の結果の意味については 2.4.6 項で詳しく説明したので，ここでは，図 1.6(c) の共振器解析で必要となる知識について概略を説明する。式 (1.9) において，波源がない ($\mathbf{i} = 0$) 方程式を扱う。

$$\nabla \times \left(\frac{\nabla \times \mathbf{E}}{\mu_r}\right) - {k_0}^2 \varepsilon_r \mathbf{E} = 0 \tag{2.47}$$

46　直観的な説明としては，少ない励振で大きな電磁界分布となる現象。詳しい共振の説明は文献 [16] を参照いただきたい。

式 (2.47) において，未知数は周波数を含む自由空間の波数 $k_0 = \omega\sqrt{\mu_0\varepsilon_0}$ と電界分布 $\mathbf{E}$ である。この波動方程式を次章で説明する有限要素法で定式化すると，一般化固有値問題となり，固有値として ${k_0}^2$，固有ベクトルとして $\mathbf{E}$ が求まる。空間中の媒質に損失があったり，損失がなくても放射があったりすると，一般に固有値 ${k_0}^2$ は複素数となる。すなわち，角周波数 ω が複素数ということになるので，この周波数は複素角周波数 ω_c といわれる。調和振動では時間変化は $e^{j\omega_c t}$ と仮定しているので，複素角周波数 ω_c の実部 $\omega_r = \omega_0$ は通常の時間振動を意味するが，虚部動では時間変化は $e^{j\omega_c t}$ と仮定しているので，複素角周波数 ω_c の実部 ω_i は時間的な減衰を意味することになる。

共振器で重要な概念に，空間の蓄積エネルギー W を空間内の単位時間当たりの損失エネルギー P で割って ω_0 をかけた Q 値（Quality factor）[47] という概念がある [15,16]。

$$Q = \omega_0 \frac{W}{P} = \left|\frac{\mathrm{Re}[\omega_c]}{2\mathrm{Im}[\omega_c]}\right| \tag{2.48}$$

Q 値は歴史的にはコイルの良さ $\omega L/R$ を表現するために提案された概念であるが，式 (2.48) のように一般化されていった [15]。Q 値には他にもいくつかの定義があるが，$Q > 10$ 程度ではどの定義を用いても近い値となる [16]。

また，電磁界シミュレータの共振器解析は，波長より小さな構造を周期的に並べて作ったメタマテリアル[48]の解析にも活用されている。メタマテリアルの応用例としては，負の屈折率を有する左手系媒質[49]があり，透明マントの実現や小型マイクロ波回路などさまざまな応用が提案されている。

また，メタマテリアル構造の応用としては，特定周波数の信号の伝搬を抑止する電磁バンドギャップ EBG(Electromagnetic Band Gap) や，等価的に磁気壁を実現する人工磁気導体 (AMC; Artificial Magnetic

47　先鋭度ともいわれる。

48　現実の通常の材料は持たない特異な機能性を持つ材料という意味で，メタという言葉が使われている。

49　電界，磁界，波数ベクトルの関係が通常の右手系ではなく，左手系の関係になる。

Conductor), 研究の歴史が長い周波数選択板(FSS; Frequency Selective Surface) などもある。共振器解析は，CMOS チップ内部に必要となるダミーメタルの解析 [17] や，航空宇宙分野で用いられるハニカム構造導波路の伝搬特性解析 [18] にも応用されている。

参考文献

[1] O. Heaviside: *Electrical papers*, Macmillan, 1892.
[2] 『アンテナ・無線ハンドブック』, I 編-3 章，オーム社，2006.
[3] 中島将光：マイクロ波工学—基礎と原理, 森北出版 1975.
[4] T. Hirano, K. Okada, J. Hirokawa, and M. Ando: Accuracy Investigation of De-embedding Techniques Based on Electromagnetic Simulation for On-wafer RF Measurements, *InTech Open Access Book, Numerical Simulation - From Theory to Industry*, Chapter 11, pp.233-258, 2012.
[5] K. Kurokawa: Power waves and the scattering matrix, *IEEE Trans. Microw. Theory Tech.*, Vol. MTT-13, No.3, pp.194-202, 1965.
[6] T. Hirano: Review and Another Derivation of the Power Wave, Microwave and Optical Technology Letters (MOP), Vol.57, No.1, pp.26-28, DOI: 10.1002/mop.28766, 2015.
[7] Free Softwares (Takuichi Hirano)
http://www.takuichi.net/free_software/gsm_solver/
[8] 本書の補足資料のウェブサイト
http://www.takuichi.net/book/em_fem/
[9] 稲垣直樹：『電気・電子学生のための電磁波工学』，丸善，1980.
[10] R.E. Collin: *Field Theory of Guided Waves*, 2nd ed., IEEE Press, 1991.
[11] N. Marcuvitz: *Waveguide Handbook*, Peter Peregrinus Ltd.,1986.
[12] 石井 望：『アンテナ基本測定法』, コロナ社, 2011.
[13] C.A. Balanis: *Antenna Theory*, 2nd ed., John Wiley & Sons, 1982.
[14] H.T. Friis: A Note on a Simple Transmission Formula, *Proc. of the IRE*, Vol.34, No.5, pp.254-256, 1946.
[15] E.I. Green: The Story of Q, *American Scientist*, Vol.43, No.4, pp.584-594, 1955.
[16] T. Hirano: Relationship between Q factor and complex resonant frequency: investigations using RLC series circuit, *IEICE Electronics Express*, Vol.14, No.21, pp.20170941, 2017.
[17] T. Hirano, N. Li, K. Okada: Analysis of Effective Material Properties of Metal Dummy Fills in a CMOS Chip, *IEICE Trans. Commun.*, Vol.E100-B, No.5, pp.793-798, May 2017.
[18] R. Jayawardene *et al.*: Estimation and Measurement of Cylindrical Wave

Propagation in Parallel Plate with Honeycomb Spacer for the Use in mm-Wave RLSA, *Proceedings of Asia-Pacific Microwave Conference* (APMC), 3A4-03, pp.415-417, 2012.

第3章

有限要素法(FEM)の原理

本章では，マクスウェルの方程式を数値的に解く手法の一つである有限要素法 (FEM; Finite Element Method) の原理について説明する。

3.1　有限要素法の歴史

有限要素法は，数値計算するために解析対象の構造をメッシュ分割する。そして，各メッシュに解きたい物理量の未知数を配置して連立一次方程式を導出し，物理量を計算する手法である。電磁界シミュレータを活用する上で必ずしもその歴史を知る必要はないが，知っていると他分野とのかかわりもわかり，学問的興味もわき，多くの応用力が身に付くため，本節では興味のある読者のために記しておく。

有限要素法は，力学，熱解析，流体解析，音場解析などさまざまな物理現象の数値シミュレーションに用いられている。電磁界シミュレーションでも用いられるが，スプリアス解（非物理解）の問題の解決に時間がかかり，他分野よりも汎用シミュレータの実用化が遅れた [1]。

機械・構造・熱分野の有限要素法の発展は，第二次世界大戦後のコンピュータの発展とともに数値計算が実用的になったことにより，1950 年代中頃に航空分野における応用から始まった [2,3]。第二次世界大戦末期にジェットエンジンが開発され，大型民間航空機を実用化する上で，機械強度と軽量化の相反する指標をバランスよくトレードオフしなければならず，必然的に数値解析が必要になったためであろう。

1960 年の Clough の論文 [4] で，初めて有限要素法 (Finite Element Method) という用語が使われ，この解析手法はすぐに土木・建築分野 [4]，熱解析 [5,6]，流体解析 [7] へも応用された。このように，支配方程式が異なる他分野へも有限要素法の適用範囲が拡がったのは，ミクロな現象を洞察していた初期の定式化から，変分法に基づく定式化[1] [6] が提唱され，他分野への見通しが開けたことが大きい。

しかし，変分法では，定式化の自由度は十分に高いとは言えなかった。微積分学において任意の関数の不定積分を必ずしも求めることができないのと同様に，任意の方程式の汎関数が必ず求まるとは限らないからである。

そこで，3.2 節で述べる定式化の自由度がより高い重み付き残差法 [8]

1　汎関数が極値をとる条件を求める問題に帰着。

が提案された。重み付き残差法の特殊な場合として，展開関数と同じ関数を重み関数に用いるのがガラーキン法[2]である。ガラーキン法による定式化は結果として変分法による定式化と同じ結果を与えることが知られている [9]。

変分法でも，未知関数を既知関数で展開する解法があり，その手法はリッツ法[3]と呼ばれる。リッツ法には，展開関数と同じ重み関数を用いると，生成される行列が対称行列になるという利点もある。

有限要素法の電磁界解析分野への応用は比較的遅れており，1960 年代後半に始まった [10–13] が，導波路の解析において現実には現れないが，計算上現れてしまう非物理なスプリアス解の問題 [14–16] に悩まされた。1980 年代になるとスプリアス解の原因の追究が行われたが [16]，簡単には解決されなかった。

原因はベクトルの発散成分であると考えられ [16]，ペナルティー法を用いてスプリアス解を抑圧するという工夫 [17–19] が試みられた。同時に 3.2 節で述べるエッジ（辺）ベース基底関数[4]が適用された [20–22]。両手法ともスプリアス解の抑圧に成功したが，原理的にスプリアス解が生じないエッジベース基底関数を用いる手法が，現在の主流になっている。多くの混乱を引き起こしたスプリアス解については，その後も引き続き考察・整理されている [23–25]。

3.2 有限要素法の定式化

有限要素法の定式化は，式 (1.9) の波動方程式が基礎となる。式 (1.9) の右辺の項を左辺に移項し，その左辺を $\mathbf{R}$ とおくと次式となる。

$$\mathbf{R} = \nabla \times \left(\frac{\nabla \times \mathbf{E}}{\mu_r} \right) - {k_0}^2 \varepsilon_r \mathbf{E} + j k_0 \eta_0 \mathbf{i} \tag{3.1}$$

式 (3.1) の $\mathbf{R}$ を残差ベクトルと呼ぶ。これは，式 (1.9) が完全に成立す

2　またはリッツ–ガラーキン法。

3　またはレイリー–リッツ法。

4　従来はノード（節点）ベース基底関数であった。

るには $\mathbf{R} = 0$ であるが，数値計算では完全には成立せず，$\mathbf{R}$ を小さくすることで近似的に求めるからである。この $\mathbf{R}$ に，$\mathbf{E}$ と同じ領域で定義された境界条件を満たす任意の重み関数 $\mathbf{W}$ との内積を取って，空間内で積分し，ベクトル公式を使って式変形[5]すると，次のようになる [25]。

$$\begin{aligned}\langle \mathbf{R}, \mathbf{W} \rangle = & \iiint_V \left[\frac{1}{\mu_r} (\nabla \times \mathbf{E}) \cdot (\nabla \times \mathbf{W}) - {k_0}^2 \varepsilon_r \mathbf{E} \cdot \mathbf{W} \right] dV \\ & - \oiint_S \left\{ \mathbf{W} \times \left(\frac{\nabla \times \mathbf{E}}{\mu_r} \right) \right\} \cdot d\mathbf{S} + \iiint_V \mathbf{W} \cdot (jk_0 \eta_0 \mathbf{i}) dV \end{aligned} \tag{3.2}$$

ここで，V は解析空間で S はその周囲境界である[6]。$\hat{n}$ は S 上の外向き単位法線ベクトルである。

式 (3.2) の面積分の項は境界条件の寄与であり，付録 A.2 を参照すると，次のように変形できる。

$$\begin{aligned}\oiint_S \left\{ \mathbf{W} \times \left(\frac{\nabla \times \mathbf{E}}{\mu_r} \right) \right\} \cdot \hat{n} dS &= \oiint_S (\hat{n} \times \mathbf{W}) \cdot \left(\frac{\nabla \times \mathbf{E}}{\mu_r} \right) dS \\ &= \oiint_S \mathbf{W} \cdot \left\{ \left(\frac{\nabla \times \mathbf{E}}{\mu_r} \right) \times \hat{n} \right\} dS \end{aligned} \tag{3.3}$$

$\mathbf{W}$ と $\mathbf{E}$ は同じ関数を使うとすると，式 (1.7) のファラデーの法則を用いて，被積分関数は次式のように変形できる。

$$\mathbf{E} \cdot \left\{ \hat{n} \times \left(\frac{\nabla \times \mathbf{E}}{\mu_r} \right) \right\} = -j\omega\mu_0 \mathbf{E} \cdot (\hat{n} \times \mathbf{H}) = -j\omega\mu_0 \mathbf{H} \cdot (\mathbf{E} \times \hat{n}) \tag{3.4}$$

したがって，電気壁（電界の接線成分が 0）および磁気壁（磁界の接線成分が 0）では式 (3.2) の面積分の項の寄与は 0 となる。電気壁上では電界を未知数とせず，強制的に電界の接線成分を 0 とし，未知数から外せばよい。また磁気壁上では，電界に対する定式化であるが，式 (3.4)=0 とおけば，それは磁気壁 $\hat{n} \times \mathbf{H}$ であることを意味することになる。境界条件としては他にも表面インピーダンス，吸収境界壁（放射境界壁），周期境界壁などがあり [25]，より詳細は 3.3 節で説明する。

5　詳細は付録 A.2 参照。

6　図 3.1 のような導波路解析では解析空間は 2 次元の導波路断面であり，周囲境界は導波路断面の周囲である。

$\langle \mathbf{R}, \mathbf{W} \rangle = 0$ から方程式を作ることができ，$\mathbf{W}$ で重み付けした空間平均の意味で残差を小さくするので，この手法を重み付き残差法と呼ぶ。また，式 (3.2) を 0 とおいた $\langle \mathbf{R}, \mathbf{W} \rangle = 0$ は弱い意味で方程式 $\mathbf{R} = 0$ を満たすので，弱形式とも呼ばれる。

重み付き残差法を用いると，従来有限要素法の定式化で用いられていた変分法のように汎関数を作る必要がないので，決まった手順で汎用的に定式化することができる。

ここで，$\mathbf{E}$ は連続関数であるが，離散問題に帰着させるために $\mathbf{E}$ を次のように既知の N_{basis} 個の基底関数で展開する。

$$\mathbf{E} = \sum_{j=1}^{N_{\text{basis}}} a_j \mathbf{E}_j \tag{3.5}$$

図 3.1(a) の方形導波管の導波路モード解析を行うには，図 3.1(b) のように断面にメッシュを生成する。図では例として三角メッシュを用いているが，四角メッシュや多角形メッシュなどが使われることがある。三角形は面を構成する最小要素なので，2 次元解析では最もよく用いられる。

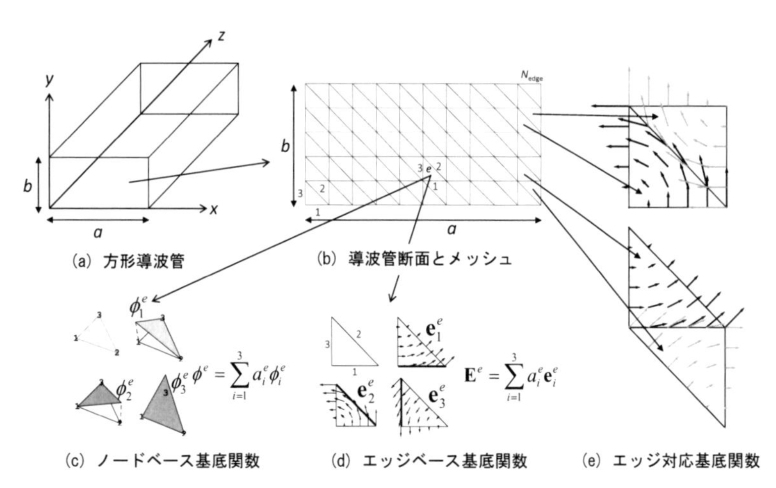

図 3.1　方形導波管のモード関数の有限要素法解析の説明

式 (3.5) の基底関数には 2 種類あり，図 3.1(c) のように，内部のスカラー場を 3 つのスカラー基底関数の和で表すノードベース基底関数[7]と，図 3.1(d) のように，内部のベクトル場を 3 つのベクトル基底関数の和で表すエッジベース基底関数[8]がある。電磁界解析では，スプリアス解の問題を回避するためにエッジベース基底関数が用いられる。ノードベース基底関数を用いて，スカラー場 ϕ の勾配で電界を表現 ($\mathbf{E} = -\nabla\phi$) する手法が用いられたこともあったが，その場合は本質的にスプリアス解の問題に直面する[9]。

電磁界シミュレーションのための有限要素法は，図 3.1(d) のエッジベース基底関数を用いる。1 つのエッジ（辺）に対応するエッジベース基底関数は，その辺上で基底関数（ベクトル値）の接線成分がどこでも等しく一様である。さらに，発散 (div, $\nabla\cdot$) 成分が 0 であるという性質があり，自動的に式 (1.7) の下 2 式の $\rho = 0$ の場合を満たしている。

3 次元解析の場合は，図 3.2(a) に示すような基底関数が用いられる。図 1.11(b) のように，解析領域が四面体のメッシュで切られ，各四面体には 6 つの辺があるので，1 つの四面体内部は 6 つのベクトル基底関数の和で表現されることになる。図 3.2(a) のような，任意の位置にある基底関数を構築するのは困難なので，図 3.2(b) のように，原点 O および L_1, L_2, L_3 の各座標の 1 に頂点がくるような四面体で予め作成しておいた基底関数を座標変換して用いる[10]。

式 (3.5) の $\mathbf{E}_j$ は基底関数（展開関数），a_j はその重み係数である。$\mathbf{E}_j$ は通常エッジの接線成分が 1 になるように規格化される。a_j はエッジの電界の接線成分を意味する係数である。電界の接線成分の連続性から，エッジを共有する基底関数の係数は等しいので，それらの基底関数を図 3.1(e) のようにまとめて 1 つの基底関数と考えると，エッジに対して 1 つの未知重み係数が対応し，後で電界の接線成分に対応する方程式を考える必要が

7　ノード（接点）のスカラー値を独立に重みで制御する。

8　エッジ（辺）のベクトル場の接線成分の値を独立に重みで制御する。

9　詳細は付録 A.1 を参照いただきたい。

10　基底関数の具体的な表現と構築法については文献 [25] を参照いただきたい。

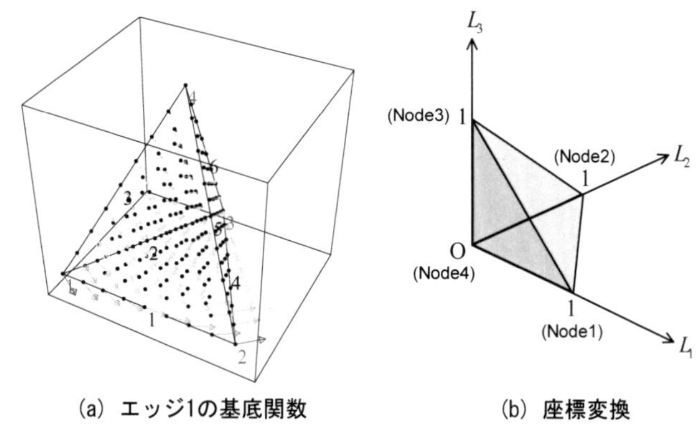

(a) エッジ1の基底関数　　(b) 座標変換

図 3.2　3 次元解析のための四面体エッジベース基底関数

なく，効率がよい[11]。

エッジベース有限要素法では，$\mathbf{E}_j$ として図 3.1(d) のような基底関数を用いる。式 (3.5) を式 (3.2) に代入し $\mathbf{W} = \mathbf{E}_i (i = 1, \ldots, N_{\text{basis}})$ とおいて，$\langle \mathbf{R}, \mathbf{W} \rangle = 0$ から方程式を立てると，次式が得られる。

$$\begin{aligned}\langle \mathbf{R}, \mathbf{E}_i \rangle = \sum_{j=1}^{N_{\text{basis}}} a_j [\iiint_V \left\{ \frac{1}{\mu_r} (\nabla \times \mathbf{E}_j) \cdot (\nabla \times \mathbf{E}_i) - {k_0}^2 \varepsilon_r \mathbf{E}_j \cdot \mathbf{E}_j \right\} dV \\ - \oiint_S \left\{ \frac{1}{\mu_r} (\hat{n} \times \mathbf{E}_i) \cdot (\nabla \times \mathbf{E}_j) \right\} dS] + \iiint_V \mathbf{E}_i \cdot (jk_0 \eta_0 \mathbf{i}) dV = 0\end{aligned} \tag{3.6}$$

この式をもう少し整理して書くと，次のような連立一次方程式になる。

$$\sum_{j=1}^{N_{\text{basis}}} a_j [A_{ij} - {k_0}^2 B_{ij} + C_{ij}] = -D_i \ (i = 1, \ldots, N_{\text{basis}}) \tag{3.7}$$

ここで，

11　そのとき，基底関数は接線成分の大きさだけでなく，ベクトルの向きもエッジで一意になるように正負を考える必要がある。

$$
\begin{cases}
A_{ij} = \iiint_V \dfrac{1}{\mu_r} (\nabla \times \mathbf{E}_j) \cdot (\nabla \times \mathbf{E}_i) dV \\
B_{ij} = \iiint_V \varepsilon_r \mathbf{E}_j \cdot \mathbf{E}_j dV \\
C_{ij} = -\oiint_S \left\{ \dfrac{1}{\mu_r} (\hat{n} \times \mathbf{E}_i) \cdot (\nabla \times \mathbf{E}_j) \right\} dS \\
D_i = \iiint_V \mathbf{E}_i \cdot (jk_0 \eta_0 \mathbf{i}) dV
\end{cases}
\tag{3.8}
$$

である。式 (3.8) の体積積分および面積積分は，各基底関数がある要素の内部で行われる。メッシュは図 1.11(b) のように 3 次元空間に切られるので，基底関数の数 N_{basis} は非常に大きいが，式 (3.8) の係数を見ると，互いに重なり合う基底関数同士の積分値しか値を持たず，他の成分は 0 になるので[12]，非常に疎な行列になる。これが有限要素法の特徴で，疎行列に特化した行列の数値計算を行うことで，効率よく計算負荷を削減することが可能となる。また，式 (3.8) の積分の計算は，図 3.2(a) の実際の座標を図 3.2(b) の基本座標に変換することで効率よく計算できる。

図 1.6(a) の励振問題の定式化として，式 (3.7) において $M_{ij} = A_{ij} - {k_0}^2 B_{ij} + C_{ij}$ とおくと，次のように行列表現できる。

$$
\begin{bmatrix}
M_{11} & \cdots & M_{1,N_{\mathrm{basis}}} \\
\vdots & \ddots & \vdots \\
M_{N_{\mathrm{basis}},1} & \cdots & M_{N_{\mathrm{basis}},N_{\mathrm{basis}}}
\end{bmatrix}
\begin{bmatrix}
a_1 \\ \vdots \\ a_{N_{\mathrm{basis}}}
\end{bmatrix}
= -
\begin{bmatrix}
D_1 \\ \vdots \\ D_{N_{\mathrm{basis}}}
\end{bmatrix}
\tag{3.9}
$$

図 1.6(c) の共振モード解析の定式化としては，式 (3.7) において $M_{ij} = A_{ij} + C_{ij}$，励振波源がないので $D_i = 0$ とおくと，次のように行列表現できる。

12　1 行の中にもその基底関数と隣接する基底関数は数個しかないので，非 0 の成分は 1 行に数個しかない。

$$
\begin{bmatrix} M_{11} & \cdots & M_{1,N_{\mathrm{basis}}} \\ \vdots & \ddots & \vdots \\ M_{N_{\mathrm{basis}},1} & \cdots & M_{N_{\mathrm{basis}},N_{\mathrm{basis}}} \end{bmatrix} \begin{bmatrix} a_1 \\ \vdots \\ a_{N_{\mathrm{basis}}} \end{bmatrix}
= {k_0}^2 \begin{bmatrix} B_{11} & \cdots & B_{1,N_{\mathrm{basis}}} \\ \vdots & \ddots & \vdots \\ B_{N_{\mathrm{basis}},1} & \cdots & B_{N_{\mathrm{basis}},N_{\mathrm{basis}}} \end{bmatrix} \begin{bmatrix} a_1 \\ \vdots \\ a_{N_{\mathrm{basis}}} \end{bmatrix} \tag{3.10}
$$

式 (3.10) において，スカラー値 ${k_0}^2$ も求めるべき未知数であり，この形は一般化固有値問題と呼ばれる。

3.3 境界条件と励振モデル

3.3.1 モデル化の要

実際のモデル（解析対象）をシミュレーションするためには，シミュレータ上でモデル化する必要がある。実際の構造と物理的サイズをそのまま入力し，電気定数 (ε, μ, σ) を実際と合うように入力するわけであるが，実際の電気定数は正しいのかどうかという問題はあるものの，シミュレータの使い方に慣れれば作業自体は簡単である。

しかし，有限要素法による電磁界シミュレーションで放射する電磁波を扱う場合には，無限に広い空間はシミュレーションできないので，有限な空間で打ち切る必要がある。その際に迷うのは，どの程度の広さの空間で打ち切ればよいかということである。また，境界壁上での電磁界の条件（境界条件）も，実際のモデルを再現できるように，適切な計算条件を設定する必要がある。

数学の観点からも説明しておくと，式 (1.9) の微分方程式は境界値問題である。境界の値（条件）を定めなければ解が一意に決定しないという，微分方程式論の「解の一意性」の定理からも，しっかりと適切な境界条件を指定する必要がある。

もう一つ，シミュレーション・モデル化で重要なのは，励振モデルである。例えば，アンテナの送信器を考えてみよう。普通は送信器出力にアンテナのケーブルを接続して用いるが，その際，送信器も含めて電磁界シミュレーションすることはまずない。なぜならば，送信器では商用電源や電池などを電源として，FETなどを用いたアクティブ回路で構成されており，このような集中定数回路まで含めてシミュレーションモデル化すると，ほとんどの場合精度の向上に寄与せず，問題を複雑化するだけだからである。また，シミュレータも電磁界解析だけでは足りずに，回路解析との連成解析が必要となり，計算負荷が重くなる。

そこで，いかにうまく給電回路と解析対象のマイクロ波回路／アンテナ素子などの間の入出力を切り分けてモデル化するかがポイントとなる。この手法として，ケーブルで接続している場合には導波路ポート給電，ICやFETの出力端子など，集中定数回路と直接接続している場合にはテブナンの定理（内部インピーダンス付き電圧源）あるいはノートンの定理（内部アドミタンス付き電流源）に基づいた集中ポートを用いることになる。

このように，境界条件と励振モデルを現実のモデルを再現するようにいかにうまくシミュレータ上でモデル化できるかが，シミュレータを使う上で重要なポイントとなる。

3.3.2　境界条件

図3.3に示すように，解析領域が無限に広い空間ではなく有限の空間Vになったときには，周囲境界S上において電磁界の境界条件を明示的に決めなければ，内部の電磁界分布は一意に定まらない（微分方程式の解の一意性)。本項では，よく用いられる境界条件について説明する。

電気壁(PEC)

電気壁[13]は，電界の接線成分が0になる条件で導電率$\sigma \to \infty$の導体[14]をモデル化したものである。この壁上では$\sigma = \infty$であるから，接線成分があると$\mathbf{i} = \sigma \mathbf{E}$の電流が流れ，瞬時に電荷が再配置して電界の接線成分

13　電気的完全導体，PEC(Perfect Electric Conductor)ともいわれる。

14　または，複素誘電率を考えると，誘電率$\varepsilon \to \infty$と考えてもよい。

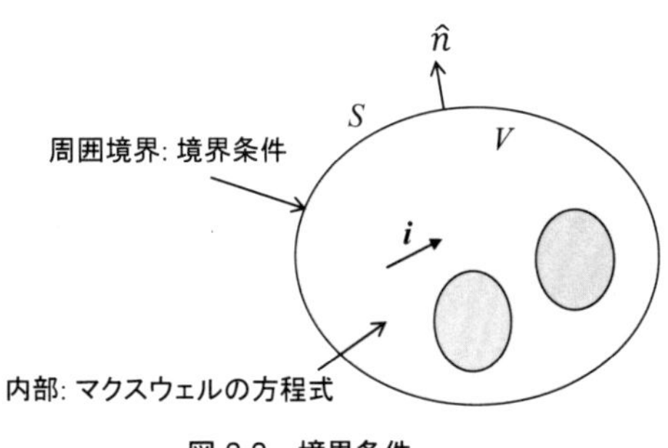

図 3.3　境界条件

が 0 となる状態になる。電界が未知数の波動方程式を用いる有限要素法では，式 (3.5) において，電界の接線成分に対応する未知数は既知の値 $a_j = 0$ として扱い，未知数と方程式を除外することで実現している。

電気壁は，損失が無視できる導電率が非常に高い良導体をモデル化したり，損失以外の反射係数や指向性などのパラメータを見積もったりするのに用いられる。また，対称性のある構造の解析にも用いられる。例として，図 3.4(a) に，すでに何度か説明したダイポールアンテナからの放射の電気力線を示す。

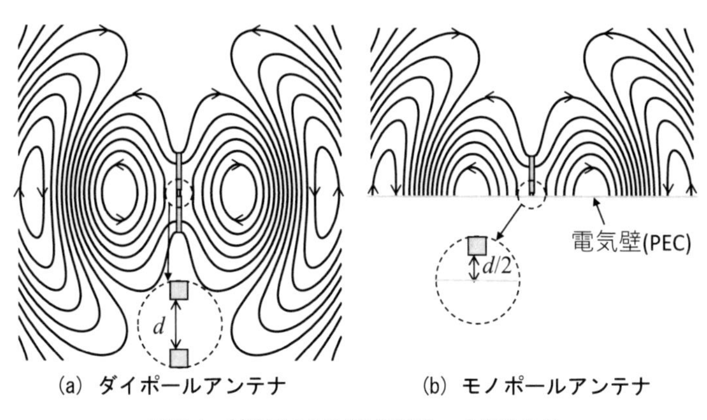

(a) ダイポールアンテナ　(b) モノポールアンテナ

図 3.4　対称面の電気壁 (PEC) への置き換え

構造と励振の対称性を有するので，給電点を通り，ダイポールの軸に垂直な面では，電界は垂直になっている[15]。したがって，この面に無限に薄い電気壁を置いても，電磁界分布には何ら影響はない。こうすると，上下の空間は電磁界的には切り離された問題となるので，図 3.4(b) のように上側のみの電磁界分布を考えることができる。解析空間を半分に削減できるので，計算負荷もその分軽くなる [26]。下側の電磁界分布を知りたければ，上側の計算で得られた結果を電気壁の面に対して負号を付けて折り返せばよい。対称性を利用するこの手法は，電磁気学で習う電気映像法 [27] である。

実際に，広いグランド板を用いて図 3.4(b) のようなアンテナを作ることができ，これは電極が1つなのでモノポールアンテナといわれる。ここで注意しなければならないのは，給電点付近を拡大すると，図 3.4(a) では上下の導体棒の間の隙間は d だったのに対し，図 3.4(b) では $d/2$ となる。そして，電磁界分布は両方とも同じなので，入力インピーダンスを計算する際の電圧は，式 (1.19) に従うとモノポールアンテナではダイポールアンテナの半分となる。したがって，モノポールアンテナの入力インピーダンスはダイポールアンテナ入力インピーダンスの半分となる。

電気映像法の手法は，ダイポールアンテナのみならず，構造と励振の対称性を有する構造にも用いることができる。

磁気壁 (PMC)

磁気壁[16]は磁界の接線成分が0になる条件で，透磁率 $\mu \to \infty$ の媒質をモデル化したものである。電界が未知数の波動方程式を用いる有限要素法では，式 (3.4) の処理をすることになるが，結果として $\hat{n} \times \mathbf{H} = 0$ なので面積分の項の値は0となり，何も処理をしなくていいので，自由境界条件ともいわれる。

磁気壁は平行平板線路の解析や，対称性のある構造の解析に用いられる。マイクロストリップ線路を例として，対称面の磁気壁 (PMC) への置き換えについて説明する。図 3.5(a) に全構造を示す。信号線中央を通る

15　磁界は接線成分のみ。

16　磁気的完全導体，PMC(Perfect Magnetic Conductor) ともいわれる。

垂直面には，磁界が垂直となっている（電界は接線成分のみ）。したがって，図 3.5(b) のように無限に薄い磁気壁を置いても，電磁界分布には何ら影響はない。図 3.4 の説明と同様に，特性インピーダンスの計算のみ注意が必要で，この場合は式 (1.20) で定義される電流の値は図 3.5(b) では図 3.5(a) の値の半分になるので，特性インピーダンスは 2 倍になる [26]。

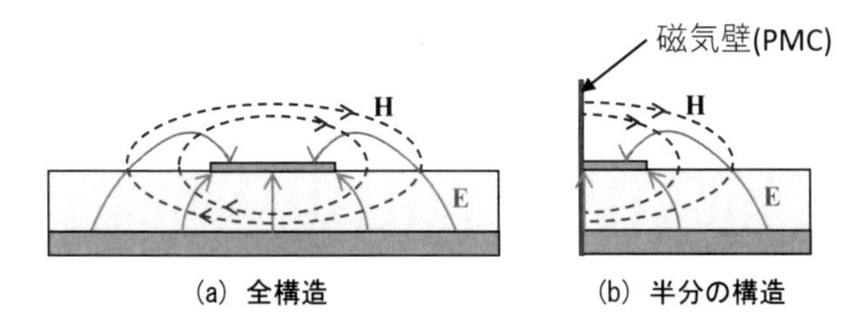

図 3.5　対称面の磁気壁 (PMC) への置き換え（マイクロストリップ線路）

表面インピーダンス（表面抵抗）

1.2.4 項で説明した表面インピーダンスは，表面上において電界 E の接線成分と磁界 H の接線成分の比で定義される。

$$Z_s = \frac{E}{H} \tag{3.11}$$

表面インピーダンスは，垂直平面波入射の吸収境界条件として用いたり ($Z_s = \eta_0 = \sqrt{\mu_0/\varepsilon_0}$)，金属の導体損の近似 ($Z_s = \sqrt{\omega\mu/(2\sigma)}$) に用いたりする。金属は導電率が高いため，1.2.4 項で説明したように，波長は非常に短くなる。そのため，普通に解析すると微細なメッシュが必要となり計算負荷が非常に重いので，1.2.4 項で説明した表面インピーダンス（表面抵抗）が用いられることが多い。ただし，良導体を表面インピーダンスで精度よく近似できるのは，解析対象の金属の厚さが表皮の厚さ δ_s よりも十分厚いときである。そうでないときは，金属内部にも微細なメッシュを切って解析しなければ精度良い結果は得られない。例えば，CMOS チップの回路層の金属は銅の場合 1 μm 程度以下の厚さであり，60GHz のミリ波帯では表皮の厚さ δ_s と同程度になるが，それよりも低い周波数では表皮の厚さ δ_s は大きくなり，表面インピーダンス近似の精度は低くなるので内部にもメッシュを切った解析が必要となる [28,29]。

表皮よりも厚い良導体に対する表面インピーダンスの設定は，ユーザーが手動で設定するのは手間がかかるため，モデル（構造パラメータと材料定数）から自動的に判断して表面インピーダンスを設定するシミュレータもある。

集中定数素子

集中定数素子は境界条件とは異なるが，よく用いられるのでここで説明しておく。インピーダンス Z の集中定数素子を有限要素法で扱う場合，2つの方法がある。一つは，集中ポートを用いて Z 行列表現したあとに，手計算でそのポートに所望の集中定数を接続したとして計算する方法である。ただし，この場合はそのインピーダンスをつないだ時の電磁界分布を見るなどはできないので，電磁界シミュレーションで組み込んだ方がよいこともある。

もう一つは，集中定数素子を電磁界シミュレーションで扱う方法である。まず，インピーダンス Z の集中定数素子を，図 3.6 に示すような幅 w，高さ h の薄いシートでモデル化する。ここで，2.1 節で説明したように，集中定数素子は波長に比して小さいので，形状に依存しない（形状依存性は無視できる）ことを断っておく。

集中定数素子にかかる電界を E，流れる面電流密度を J_s とすると，電圧は $V = Eh$，電流は $I = J_s w$ となる。したがって，次の関係が成り立つ。

$$Z = \frac{V}{I} = \frac{Eh}{J_s w} \tag{3.12}$$

J_s は E により，次のように書くことができる。

$$J_s = \frac{Eh}{Zw} \tag{3.13}$$

ここで，J_s は式 (3.2) の $\mathbf{i}$ に入るものであり，$\mathbf{i} = \hat{y} J_s (0 < x < w, 0 < y < h, z = 0), 0$（それ以外）となる。つまり，式 (3.13) を式 (3.2) の $\mathbf{i}$ に戻すと，電界の未知係数の項に加算される項が生じる。一般には座標成分ごと

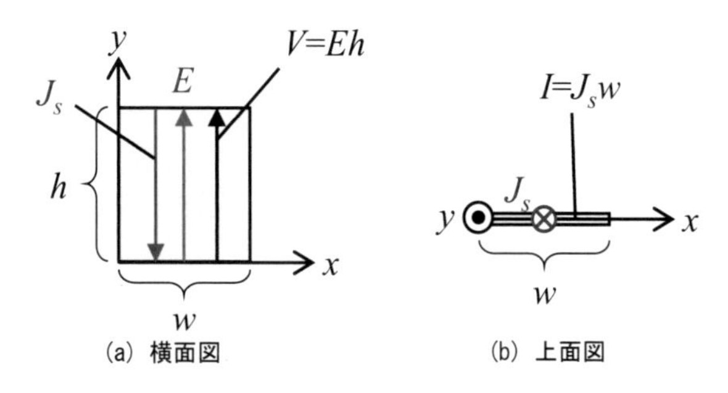

図 3.6　集中定数素子

に行えばよい[17]。

吸収境界壁

吸収境界条件（放射境界条件，ABC; Absorbing Boundary Condition）は，解析空間の境界で入射してきた電磁波をすべて吸収するような壁である。すなわち，無限に広い自由空間をシミュレートするために用いるもので，もともと自由空間を表現できているモーメント法とは違って，有限要素法や FDTD 法では自由空間をシミュレートするための重要なツールである。

吸収境界条件を数値計算で実現するのはかなり難しいため，進行波をそのまま再現するように定式化した Mur の吸収境界条件をはじめ，Higdon, Liao などいろいろな手法が提案されてきた。中でも，Berenger によって提案された PML（Perfectly Matched Layer，完全整合層）[30] 吸収境界条件は，現実には存在しない導磁率 σ_m[18]を導入したシミュレーションならではの技術であり，性能も良い。ただし，定式化が複雑なことと，計算負荷が重くなることが欠点である。

このようにいくつもある吸収境界条件のどれを使えばいいか，シミュレーションする際に選択に迷うことになるが，私見を交えて言うならば，

17　計算の詳細は文献 [25] を参照いただきたい。

18　電界に比例した電流を流す導電率のように，磁界に比例した磁流を流すもの。

S パラメータ，利得，指向性など目的とする特性の計算に影響がなければ，どれを使ってもよいと言える。

Mur の吸収境界条件は最も単純であり，定式化も簡潔である。1 次元の問題では完全な吸収境界条件となるが，2 次元，3 次元問題の解析では境界面への垂直入射に対しては吸収特性が良いものの，斜入射に対して性能が劣化する。この欠点を克服するためには，図 3.7(a) のように，物体（散乱体）からの距離をある程度離せば，境界面に対して散乱体による再放射波の曲率が大きくなって垂直入射に近づくため，吸収境界条件の性能は向上する。

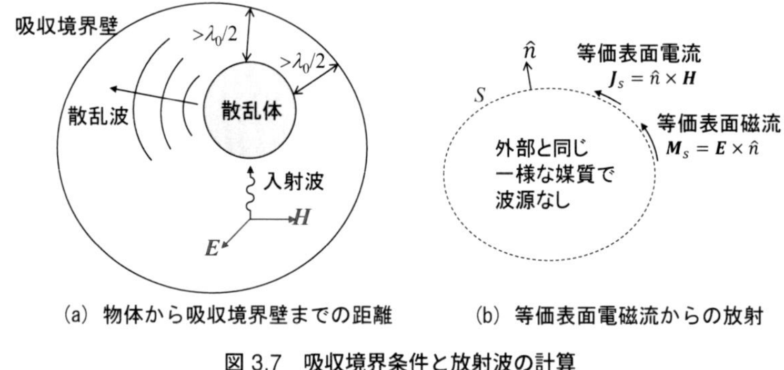

(a)　物体から吸収境界壁までの距離　　(b)　等価表面電磁流からの放射

図 3.7　吸収境界条件と放射波の計算

市販の電磁界シミュレータが使用され始めた 2000 年頃は，計算機の性能がまだ十分とは言えず，とにかくメモリや計算負荷を節約する手法が重宝された。現在では計算機の性能が飛躍的に向上したため，メッシュが多少増えようとも，計算負荷には大して影響しないことが多い。そのため，高度な吸収境界条件を用いてパラメータ設定に苦労するよりは，一番単純な Mur の吸収境界条件を用いて，散乱体からの距離を離しておけば十分である[19]。

アンテナの利得や指向性を計算するためには，遠方での電磁界特性が必要となる。その際，図 3.3 のように有限な領域で計算した場合には，図 3.7(b) のように境界面上の電磁界成分から計算した等価表面電流 $\mathbf{J}_e = \hat{n} \times \mathbf{H}$ および等価表面磁流 $\mathbf{J}_m = \mathbf{H} \times \hat{n}$ を[20]境界上で面積分して，遠方界の特性を計算することができる[21] [31,32]。

周期境界壁

アレーアンテナ [31,33] は図 3.8(a) に示すように多数の同一アンテナ素子を並べたものである。設計の際のシミュレーションで全素子をモデル化するのは現実的でない。外部の電磁界は周期性を有しているため，その周期性を模擬した境界条件を使うのが効率的である。

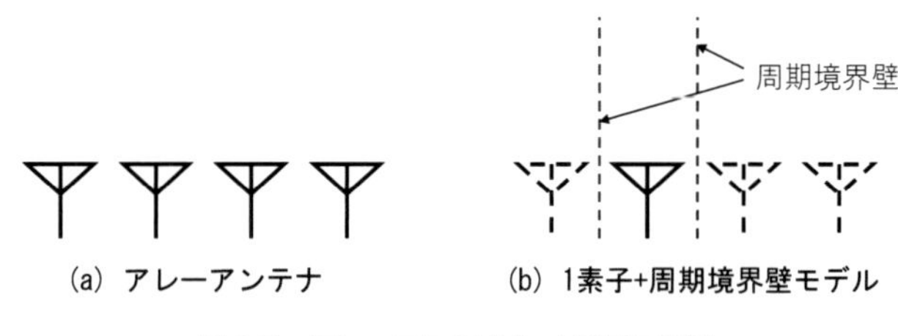

図 3.8　アレーアンテナと 1 素子モデル

このような周期性を有する電磁界を模擬する目的で用いられるのが，周期境界壁である。例えば，同じ振幅・位相で電磁波を放射する同じアンテ

19　著者の考えでもあるが，複雑なアルゴリズムを使うよりも，素性のよくわかったシンプルなアルゴリズムの方が安心である。例えば，関数補間をする場合に，高次の次数のラグランジュ補間を行うとどのようなピークが発生するかわからないため，なるべく低次のスプライン補間を好んで用いる。昨今流行っているニューラルネットワーク（深層学習）は高次に補間してくれるのだが，どんな結果を返すか完全に予想できず，素性がわからないので，動作を保証することができない。また，数値積分では滑らかに補完するシンプソンの公式では被積分関数の急激な変化を見落とすことがあるので，筆者は台形公式を好んで使う。

20　**E** および **H** は吸収境界壁の少し内側の電磁界の値を用いる。

21　これは界等価定理といわれる。波の波面の広がりを波面からの再放射として説明するホイヘンスの原理を数式で表現したものとなっている。

ナが周期的に並んでいるとき，アンテナ間隔が小さいと隣り合う素子の相互結合が非常に大きいため，１つのアンテナ素子を自由空間でモデル化しただけでは，反射係数などの特性は精度よく求まらない。そこで，１つのアンテナ素子のみを解析するが，相互結合を考慮するために，図 3.8(b) に示すように外部空間に電磁界の周期性を模擬する周期境界壁を用いる[22]。

電磁界シミュレータではペアとなる壁を設定し，さらに，その壁の電磁界の位相差を設定できるようになっている[23]。周期性を有する構造の解析に周期境界壁を活用すると非常に計算が効率的であり，アレーアンテナ素子の解析 [36,37]，メタマテリアルの解析 [38]，CMOS チップの回路層に平坦化のために均一に埋め込まれるダミーメタルの解析 [28,29]，航空宇宙分野で用いられるハニカム構造などの周期構造を有する材料の解析 [39] などに用いられている。

3.3.3　励振モデル

本項では，集中ポート，導波路ポート，平面波入射（散乱界表示）の 3 つの励振モデルについて説明する。電磁界シミュレータを使う上では，実際のモデルと構造が似ているかどうかという観点よりも，特性が実際のモデルとよく合うかどうかという観点でモデル化する必要があるので，専門知識が必要になる。

集中ポート

集中ポートは，波長に比べて小さなサイズの回路解析で用いられる電圧源または電流源である（図 3.9）。集中定数素子の場合と同様に，形状に依存しない（形状依存性は無視できる）。そのため，どのような形でモデル化してもいいが，通常は長方形の面に対して集中ポートを設定する。一般には，内部インピーダンス（あるいは基準インピーダンス）を有する励振

22　周期境界壁の理論はフロケの定理あるいはブロッホの定理（固体物理学）に基づくが，詳細は文献 [34,35] を参照いただきたい。

23　アレーアンテナのビーム方向や，進行方向に周期性を有する導波路，例えば，進行波管などを想定。

源[24]として設定できるようになっている。

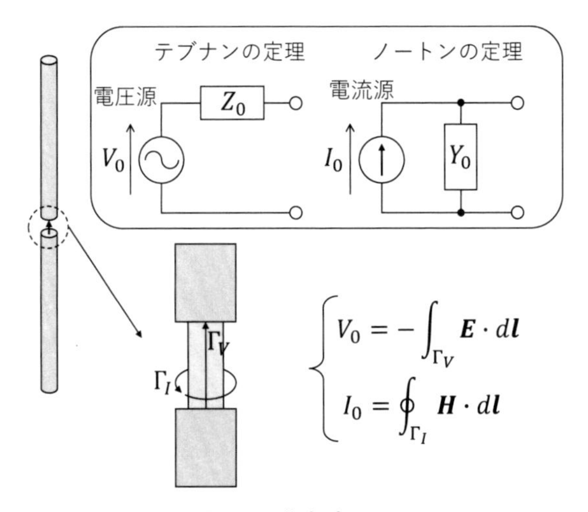

図 3.9　集中ポート

内部インピーダンス（基準インピーダンス）は後からZ行列を得た後に変更可能であるが，集中定数素子のモデル化と同様に，そのインピーダンスを有するときの電磁界分布を知りたい場合には，3.3.2 項の方法で集中ポート部に集中インピーダンスを負荷する。

ここで，有限要素法の定式化について説明する。電圧源の場合は電界 $\mathbf{E}$ を受動成分 $\mathbf{E}$（未知）と励振成分 $\mathbf{E}_i$（既知）に分け，式 (3.2) において，$\mathbf{E} \to \mathbf{E} + \mathbf{E}_i$ とする。$\mathbf{E}_i$ の成分は既知なので，この成分が式 (3.9) の右辺成分に加算され，励振が実現される。

電流源の場合には，電流密度 $\mathbf{i}$ を受動成分 $\mathbf{i}$（未知）と励振成分 $\mathbf{i}_i$（既知）に分け，式 (3.2) において，$\mathbf{i} \to \mathbf{i} + \mathbf{i}_i$ とする。$\mathbf{i}_i$ の成分は既知なので，この成分が式 (3.9) の右辺そのものである。

24　電圧源か電流源かは，テブナンの定理とノートンの定理が等価であるから問わない。

導波路ポート

図 3.10 のように境界上で導波路モードによる励振を行う場合は，ポートの電界を式 (2.30) のようにモード関数の和で表現し，未知数を出力波の重み係数に置き換える。

$$\mathbf{E} = \mathbf{E}_u^{\mathrm{port(in)}} + \sum_{v=1}^{N_{\mathrm{mode}}} B_v \mathbf{E}_v^{\mathrm{port(out)}} \tag{3.14}$$

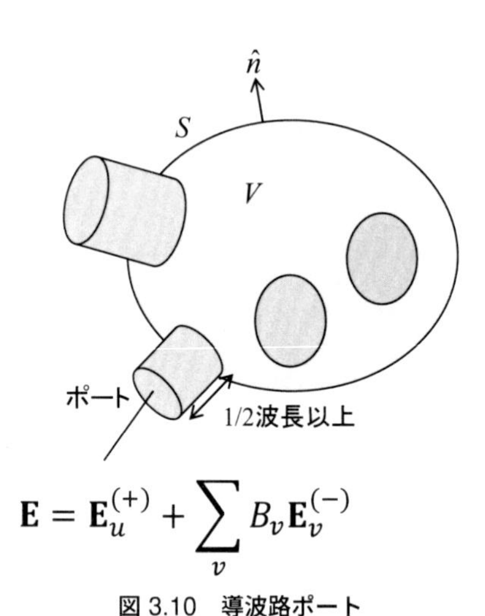

図 3.10　導波路ポート

式 (3.14) ではポートでの入力波（モード番号 u）と出力波[25]の和で表現される。式 (3.2) における重み関数 $\mathbf{W}$ としては，$\mathbf{E}_v^{\mathrm{port(out)}}$($v = 1$～$N_{\mathrm{mode}}$) を用いる。シミュレータには入力モード u の数および出力モードの数 v を設定できるものが多く，通常，出力波のモード数 v は伝搬モードのみ考慮すればよいが，その際には以下を注意する必要がある。

導波路ポートを使用する際は，図 3.10 に示すように，1/2 波長程度を目安にポートと不連続になる最初の部分を離しておく必要がある。導波路内の電磁界分布はモード関数の和で表現されることを説明したが，これは

25　考慮するモード番号 $v = 1 \sim N_{mode}$ のモード関数とその未知重み係数 B_v。

構造の不連続部ではカットオフになっている高次モードも発生して電磁界が乱れること表現している。カットオフモードは指数関数的に減衰するが，その減衰が不十分であると電磁界の乱れがポートに影響し，伝搬モードのみでポートの電磁界を展開している場合には，Sパラメータに誤差が生じる。

ポートと導波路の不連続部までをどの程度離すかは，高次モードの減衰の度合いによる。したがって，その状況で影響がないかどうか調べるには，距離を変化させても（距離を少し増やしても），着目する特性の出力に変化がないかを調べればよい。

導波路ポートを設定して励振を行わない場合は，考慮したモードで表現できる電磁界形状のモードに関して出力波がしっかり考慮されるので，線路の端面にあるよい吸収境界条件としても動作する[26]。

平面波入射（散乱界表示）

ここでは，図 3.11 に示すような平面波入射による物体の電磁波散乱を解析する場合について説明する。入射波の平面波は空間全体に広がっているので，吸収境界条件にも接するように伝搬してしまう。通常の吸収境界条件は斜入射に対して性能が低く，これでは都合が悪い。そこで，このような問題には，入射波によって物体に電流が誘起され，再放射されることによって生じた散乱界のみについて定式化を行う。散乱界は散乱体から放射されるので，これまでに説明したアンテナの放射の問題と同様の注意をすればよい。

有限要素法の定式化において，式 (3.2) の $\mathbf{E}$ は全電界を表していた。散乱問題においては，全電磁界 $(\mathbf{E}, \mathbf{H})$ を入射電磁界成分 $(\mathbf{E}_i, \mathbf{H}_i)$ と散乱電磁界成分 $(\mathbf{E}_s, \mathbf{H}_s)$ の和に分解する。

$$\begin{cases} \mathbf{E} = \mathbf{E}_i + \mathbf{E}_s \\ \mathbf{H} = \mathbf{H}_i + \mathbf{H}_s \end{cases} \tag{3.15}$$

ここで，マクスウェルの方程式 (1.6) に式 (3.15) を代入すると次式を

26　より詳細な導出の説明は，付録 A.3 で説明する。

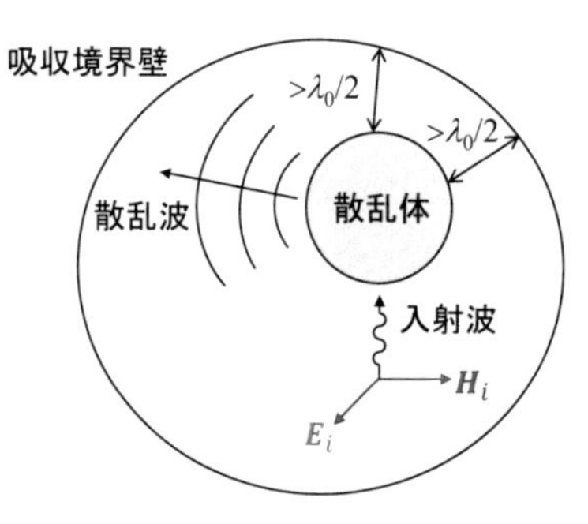

図 3.11　平面波入射

得る。

$$\begin{cases} \nabla \times (\mathbf{E}_i + \mathbf{E}_s) = -\mu \dfrac{\partial(\mathbf{H}_i + \mathbf{H}_s)}{\partial t} \\ \nabla \times (\mathbf{H}_i + \mathbf{H}_s) = \sigma(\mathbf{E}_i + \mathbf{E}_s) + \varepsilon \dfrac{\partial(\mathbf{E}_i + \mathbf{E}_s)}{\partial t} \end{cases} \tag{3.16}$$

入射波成分 $(\mathbf{E}_i, \mathbf{H}_i)$ は，真空中のマクスウェルの方程式を満足すると仮定する[27]。

$$\begin{cases} \nabla \times \mathbf{E}_i = -\mu_0 \dfrac{\partial \mathbf{H}_i}{\partial t} \\ \nabla \times \mathbf{H}_i = \varepsilon_0 \dfrac{\partial \mathbf{E}_i}{\partial t} \end{cases} \tag{3.17}$$

式 (3.17) を式 (3.16) に代入すると次式を得る。

$$\begin{cases} \nabla \times \mathbf{E}_s = -(\mu - \mu_0) \dfrac{\partial \mathbf{H}_i}{\partial t} - \mu \dfrac{\partial \mathbf{H}_s}{\partial t} \\ \nabla \times \mathbf{H}_s = \left\{ \sigma \mathbf{E}_i + (\varepsilon - \varepsilon_0) \dfrac{\partial \mathbf{E}_i}{\partial t} \right\} + \sigma \mathbf{E}_s + \varepsilon \dfrac{\partial \mathbf{E}_s}{\partial t} \end{cases} \tag{3.18}$$

ここで，

$$\begin{cases} \mathbf{m}_s = (\mu - \mu_0) \dfrac{\partial \mathbf{H}_i}{\partial t} \\ \mathbf{i}_s = \sigma \mathbf{E}_i + (\varepsilon - \varepsilon_0) \dfrac{\partial \mathbf{E}_i}{\partial t} \end{cases} \tag{3.19}$$

とおくと，式 (3.20) は次式のようになる。

27　分解の仕方は自由である。

$$
\begin{cases}
\nabla \times \mathbf{E}_s = -\mathbf{m}_s - \mu \dfrac{\partial \mathbf{H}_s}{\partial t} \\
\nabla \times \mathbf{H}_s = \mathbf{i}_s + \sigma \mathbf{E}_s + \varepsilon \dfrac{\partial \mathbf{E}_s}{\partial t}
\end{cases}
\tag{3.20}
$$

式 (3.20) を見ると，散乱界 $(\mathbf{E}_s, \mathbf{H}_s)$ は，入射界によって生じる式 (3.19) の等価電磁流により，散乱体から再放射される表現になっていることがわかる[28]。式 (3.19) の等価電磁流の表現を見ると，散乱体のない真空部分 $(\varepsilon = \varepsilon_0, \mu = \mu_0, \sigma = 0)$ では等価電磁流が 0 になり，散乱波の源となる波源は生じないことがわかる[29]。

入射電磁界 $(\mathbf{E}_i, \mathbf{H}_i)$ は既知であるので，例えば，$\hat{k}$ 方向に進む平面波（原点で振幅 1，x 偏波）ならば，電界は $\mathbf{E} = \hat{x}e^{-jk_0\hat{k}\cdot\mathbf{r}}$ を与えればよい。平面波以外にも，任意の入射電磁界を与えることができる。

参考文献

[1] 『磁性材料・部品の最新開発事例と応用技術』，4.3 節: 有限要素法を用いた電磁界解析技術，技術情報協会，2018.

[2] J.H. Argyris: Energy Theorems and Structural Analysis: A Generalized Discourse with Applications on Energy Principles of Structural Analysis Including the Effects of Temperature and Non-Linear Stress-Strain Relations, *Aircraft Engineering*, Vol.26, No.10, pp.347-356, 1954.

[3] M.J. Turner, R.W. Clough, H.C. Martin, and J.L. Topp: Stiffness and deflection analysis of complex structures, *Journal of Aeronautical Sciences*, Vol. 23, pp. 805-824, 1956.

[4] R.W. Clough: The finite element method in plane stress analysis, 2nd American Society of Civil Engineering (ASCE) Conf. on Electronic Computation, 1960.

[5] M.J. Turner, E.H. Dill, H.C. Martin, and R.J. Melosh: Large Deflections of Structures Subjected to Heating and External Loads, *Journal of the Aerospace Sciences*, Vol. 27, No. 2, pp.97-106, 1960.

[6] O.C. Zienkiewicz: Finite-element in the solution of field problems, *The Engineers*, pp.507-510, 1965.

[7] H.C. Martin: Finite Element Analysis of Fluid Flows, *Proc. of the 2nd Conf. on Matrix Methods in Structural Mechanics*, pp.517-535, 1968.

28 磁流は物理的には存在しないため，マクスウェルの方程式には入っていなかったが，数式上は電流と同様に定式化することは簡単である。

29 つまり，式 (3.19) は散乱体のある空間のみで生じる。

[8] B.A. Szabo, G.C. Lee: Derivation of stiffness matrices for problems in plane elasticity by Galerkin's method, *International Journal for Numerical Methods in Engineering*, Vol.1, No.3, pp. 301-310, 1969.
[9] D. Jones: A critique of the variational method in scattering problems, *IRE Trans. Antennas and Propagation*, Vol.4, No.3, pp. 297-301, 1956.
[10] S. Ahmed: Finite-element method for waveguide problems, *Electronics Letters*, Vol.4, No.18, pp.387-389, 1968.
[11] P.L. Arlett, A.K. Bahrani and O.C. Zienkiewicz: Application of finite elements to the solution of Helmholtz's equation, *Proc. of IEE*, Vol.115, No.12, pp.1762-1766, 1968.
[12] P.A. Laura, P.L. Arlett, A.K. Bahrani and O.C. Zienkiewicz: Application of finite elements to the solution of Helmholtz's equation, *Proc. of IEE*, Vol.116, No.7, pp.1168, 1969.
[13] S. Ahmed and P. Daly: Finite-element methods for inhomogeneous waveguides, *Proc. of IEE*, Vol.116, No.10, pp.1661-1664, 1969.
[14] Z.J. Csendes and P. Silvester: Numerical Solution of Dielectric Loaded Waveguides: I-Finite-Element Analysis, *IEEE Trans. MTT*, Vol.18, No.12, pp.1124-1131, 1970.
[15] A. Konrad: Vector Variational Formulation of Electromagnetic Fields in Anisotropic Media, *IEEE Trans. MTT*, Vol.24, No.9, pp.553-559, 1976.
[16] J.B. Davies, F.A. Fernandez and G.Y. Philippou: Finite Element Analysis of All Modes in Cavities with Circular Symmetry, *IEEE Trans. MTT*, Vol.30, No.11, pp.1975-1980, 1982.
[17] M. Koshiba, K. Hayata and M. Suzuki: Vectorial finite-element method without spurious solutions for dielectric waveguide problems, *Electronics Letters*, Vol.20, No.10, pp.409-410, 1984.
[18] 小柴正則：『光・波動のための有限要素法の基礎』，森北出版，1990.
[19] B.M.A. Rahman and J.B. Davies: Penalty Function Improvement of Waveguide Solution by Finite Elements, *IEEE Trans. MTT*, Vol.32, No.8, pp.922-928, 1984.
[20] J.C. Nedelec: Mixed finite elements in $\mathbb{R}^3$, *Numerische Mathematik*, Vol.35, No.3, pp.315-341, 1980.
[21] A. Bossavit and J.C. Verite: A mixed fem-biem method to solve 3-D eddy-current problems, *IEEE Trans. Magnetics*, Vol.18, No.2, pp.431-435, 1982.
[22] A. Bossavit: Solving Maxwell equations in a closed cavity, and the question of 'spurious modes', *IEEE Trans. Magnetics*, Vol.26, No. 2, pp. 702-705, 1990.
[23] S. H. Wong and Z. J. Cendes: Combined finite element-modal solution of three-dimensional eddy current problems, *IEEE Trans. Magnetics*, Vol.24,

No.6, pp.2685-2687, 1988.

[24] D. Sun, J. Manges, X. Yuan and Z. Cendes: Spurious modes in finite-element methods, *IEEE Antennas and Propagation Magazine*, Vol.37, No.5, pp.12-24, 1995.

[25] J.L. Volakis, A. Chatterjee, L.C. Kempel: *Finite Element Method Electromagnetics: Antennas, Microwave Circuits, and Scattering Applications*, Wiley, 1998.

[26] T. Hirano, K. Okada, J. Hirokawa, and M. Ando: Accuracy Investigation of De-embedding Techniques Based on Electromagnetic Simulation for On-wafer RF Measurements, *InTech Open Access Book, Numerical Simulation - From Theory to Industry*, Chapter 11, 2012.

[27] 浅田雅洋，平野拓一：『電磁気学』，培風館，2009.

[28] Y. Ono, T. Hirano, K. Okada, J. Hirokawa, and M. Ando: Eigenmode Analysis of Propagation Constant for a Microstrip Line with Dummy Fills on a Si CMOS Substrate, *IEICE Trans. Electron.*, Vol.E94-C No.6, pp.1008-1015, 2011.

[29] T. Hirano, N. Li, K. Okada: Analysis of Effective Material Properties of Metal Dummy Fills in a CMOS Chip, *IEICE Trans. Commun.*, Vol.E100-B, No.5, pp.793-798, 2017.

[30] J. Berenger: A perfectly matched layer for the absorption of electromagnetic waves, *Journal of Computational Physics*, Vol.114, pp.185-200, 1994.

[31] C.A. Balanis: *Antenna Theory*, 2nd ed., John Wiley & Sons, 1982.

[32] J.A. Stratton: *Electromagnetic Theory*, Wiley-IEEE Press, 2006.

[33] 稲垣直樹：『電気・電子学生のための電磁波工学』，丸善，1980.

[34] 中島将光：『マイクロ波工学—基礎と原理』，森北出版，1975.

[35] R.E. Collin: *Field Theory of Guided Waves*, 2nd ed., IEEE Press, 1991.

[36] T. Hirano, J. Hirokawa, and M. Ando: A Design of a Leaky Waveguide Crossed-Slot Linear Array with a Matching Element by the Method of Moments with Numerical-Eigenmode Basis Functions, *IEICE Trans. Commun.*, Vol.E88-B, No.3, pp.1219-1226, 2005.

[37] T. Hirano *et al.*: Design of 1m^2 Order Plasma Excitation Single-Layer Slotted Waveguide Array with Conducting Baffles and Quartz Glass Strips Using the GSM-MoM Analysis, *IEICE Trans. Commun.*, Vol.E89-B, No.5, pp.1627-1635, 2006.

[38] C. Caloz, T. Itoh: *Electromagnetic Metamaterials:Transmissin Line Theory and Microwave Applications*, John Wiley & Sons, Inc., 2006.

[39] R. Jayawardene *et al.*: Estimation and Measurement of Cylindrical Wave Propagation in Parallel Plate with Honeycomb Spacer for the Use in mm-Wave RLSA, *Proceedings of Asia-Pacific Microwave Conference* (APMC), 3A4-

03, pp.415-417, 2012.

第4章

FEMシミュレータ利用の勘所

本章では，有限要素法に基づく電磁界シミュレータ活用の勘所について説明する。

4.1　シミュレーションの流れ

図 4.1 にシミュレーションの流れを示す。左はユーザーが行う作業内容，右はシミュレータが行う作業内容を示している。一般的にシミュレータを利用する際の手順を，以下に順を追って説明していく[1]。

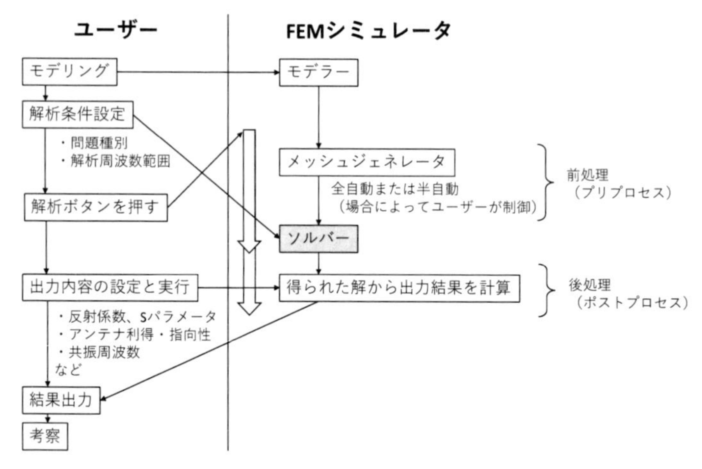

図 4.1　シミュレーションの流れ

4.1.1　モデリング

ユーザーがまず最初に行うべきことは，シミュレータ（ソフトウェア）を起動して，解析対象をモデル化することである。内部構造のモデル化は，構造（サイズパラメータ）を現実のモデルと同じになるように行えばよい。ただし，電磁界は 3 次元空間に広がるため，3 次元のモデル化が必要になる。この点が回路解析よりも難しい。

実際のモデル化は，図 4.2 に示すような 3 次元物体（オブジェクト）お

1　本章では，特定のシミュレータやバージョンに特化しないよう，なるべく一般的な事項を説明する。しかし，それだけでは，イメージがわかりにくいと思うので，次章ではバージョン等に依存しない内容で，有限要素法解析に基づくシミュレータ COMSOL Multiphysics [1] を用いた解析例の紹介をする。

よび図形の拡大・縮小・回転・平行移動と論理演算[2]で表現することが多い。また，ポートなどに用いられる図 4.3 に示すような 2 次元物体も用意されている。図 4.4 のように 2 次元物体を高さ方向に押し出したり，錐のように斜めに押し出したり，回転体を生成したり，軸の周りに回転させてらせん状の物体を生成したりする機能もある。

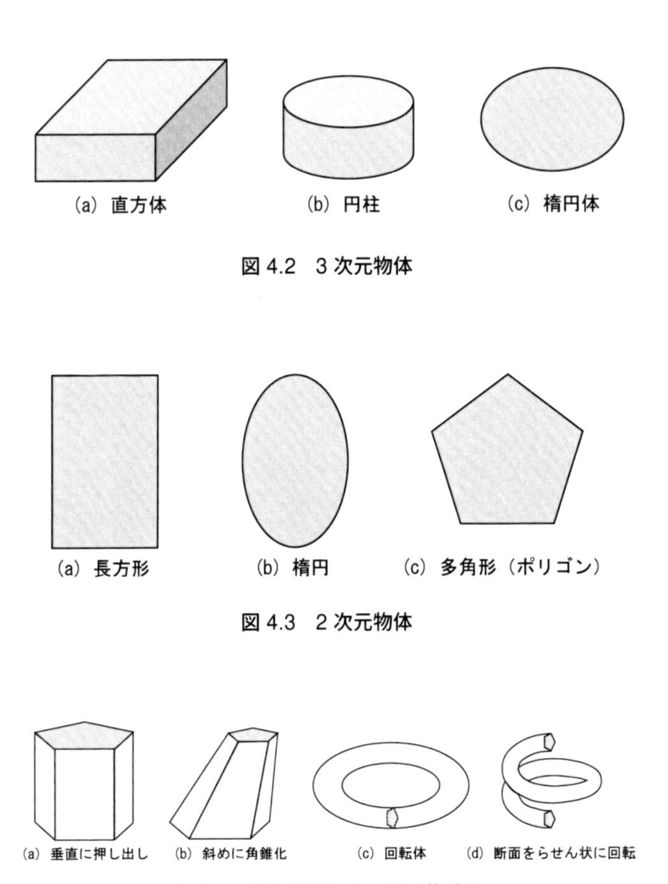

図 4.2 3 次元物体

図 4.3 2 次元物体

図 4.4 2 次元物体の 3 次元物体化

これらの機能を組み合わせれば，基本図形を用いてほぼすべての 3 次元

2 専有する空間部分の and, or, +, −など。

物体のモデル化が可能である。基本図形のことをプリミティブといい，これを組み合わせてモデル化するためには，慣れが必要である。

シミュレータでモデル化を行うツールは，モデラーといわれる。電磁界シミュレーションの核ではないが，シミュレーションを行う上で重要なツールである。作業の効率化のために，他の CAD(Computer Aided Design) ツールで用いた図形をインポートして再利用できるシミュレータやツールも存在する。

図 4.5(a) に示すように 2 つのオブジェクト (V_1, V_2) が空間的に離れている場合は，材料定数の設定などに問題は生じないが，図 4.5(b) に示すように一部が重なった場合は $V_1 \cap V_2$ はどちらの材料を設定するのか，また，オブジェクトをどのように扱うのかは各シミュレータによって規則が違うので，シミュレータごとの規則に従う必要がある。

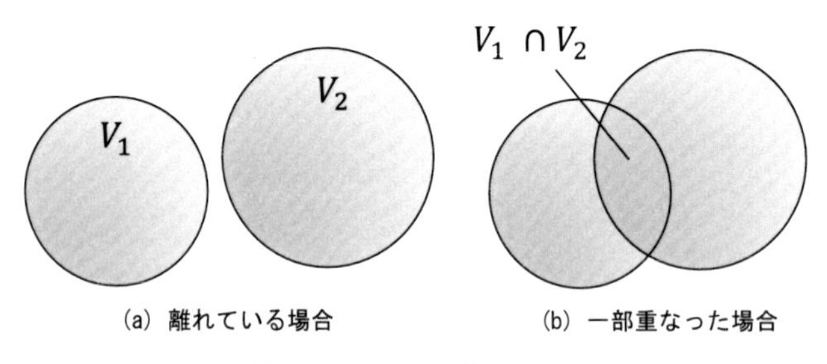

図 4.5　2 つのオブジェクト

例えば COMSOL Multiphysics では，このように一部が重なった場合は重なり部分を 1 つのオブジェクトとして分割し，これと V_1, V_2 からそれぞれ重なり部分を引いたオブジェクト，重なり部分 $V_1 \cap V_2$ の 3 つのオブジェクトに自動的に分割される。したがって，次のステップの材料設定で，シミュレータがどの材料として扱えばいいのか迷うことはない。一方，オブジェクトの一部の重なりを許可せず，明示的に重なり部分がないようにモデル化しなければならないシミュレータもある。また，各オブジェクトに一意の番号を付しておき，重なりが生じた場合には若いオブジェクト番号の材料が優先されるものもある。

モデル化の次に，すべての物体の材料の電気定数 $(\varepsilon, \mu, \sigma)$ を正確に入力する。特にミリ波帯以上の高周波では正確な電気定数がわからないことが多いが，シミュレーションの精度を上げるためには必要である。また，周波数によって値が大きく変わったり（分散性），温度によって値が大きく変わる材料もある。水などは分散性を有し[3]，かつ温度特性も大きい。

3.3 節で説明した境界条件と励振モデルを取り扱うためには知識と経験が必要となる。慣れれば適切な設定ができるようになるが，3.3 節を理解し，次章で説明する例題を参考に，実際の解析構造と結果がよく合うようにモデル化する必要がある。境界条件と励振モデルは一意に決まるものではなく，良いモデル化方法が複数ある場合があるため，解析空間内部のモデル化よりも難しい。

4.1.2 解析条件の設定

モデラーを使ってモデルを描いた後は，解析条件を設定する。その際に，1.3 節で説明した解析の種別のうちどの解析を行いたいのかを明確に認識しておく。

励振解析

図 1.6(a) の励振解析の場合は，波源があるので，波源の周波数または周波数スイープ[4]範囲と，3.3.3 項で説明した波源の種類を設定する必要がある。集中ポートの場合は内部インピーダンスを設定する必要があり，一般的に測定器等でよく用いられる 50 Ω がデフォルト値になっているシミュレータが多い。また，導波路ポートでは考慮する導波路モード数を設定する必要があり，デフォルト値は 1 になっているシミュレータが多い。

3　印加電界により，H_2O の極性分子が電界方向に向きを変えて配向分極が，また電解液であればイオンが移動することでイオン分極が，さらにどの原子にもある電子が分極することで電子分極が生じる。これが誘電率の源である。周波数の高い電磁波になるとしだいに分極できなくなるので，一般に高周波では特定の周波数を境に誘電率が急に低下する。電子分極はどのような物質でも可視光の周波数付近で起きる。したがって，水，プラスチック，ガラスのどのプリズムを用いても太陽の白色光が虹色に分かれる。なお，非常に高い周波数のエックス線，ガンマ線がほとんどの物質を透過するのは，電荷を帯びた電子とさえも相互作用しなくなるからである。

4　ある周波数区間で複数の周波数を解析すること。

なお，導波路ポートでの励振を用いる場合には，励振解析を始める前に，励振のために用いる図 1.6(b) の導波路解析も自動的に行われる。

導波路解析

図 1.6(b) の導波路解析の場合は，導波路ポートで考慮する導波路モード数を設定する必要がある。考慮するモード数のデフォルト値は 1 になっているシミュレータが多い。解析結果は図 1.6(a) の励振解析の波源として用いられることもある。

共振器解析

図 1.6(c) の共振器解析では，一般化固有値問題の数値計算を行うので，低い周波数からいくつの共振モードまで探索するかを指定する必要がある。なお，最低どの周波数から探索を開始するのかを明示的に指定するシミュレータが多い。

物理的には無限の数のモードがあるが，数値計算ではメッシュ分割しているので，未知数の数（行列の次元）しか求まらない。また，数値計算としては未知数の数の共振周波数・モードが求まるが，次元の大きいモードは数値誤差が主要で計算する意味がなく，低周波の数個のみ信頼できると考えたほうがよい。

4.1.3　解析

解析条件を設定したら，解析をスタートさせる[5]。すると，シミュレータ内部のルーチンのメッシュジェネレータが，ユーザーが描いたモデルに対して，第 3 章で説明したようなメッシュを自動的に切っていく。これを前処理（プリプロセス）という。

メッシュ生成はモデラーの使いやすさと同様に重要であり，各シミュレータの腕の見せ所となる。ほとんどの場合，ユーザーは何も関与せずともうまくいくように設計されているが，あまりに粗いメッシュになっていないかどうか，念のため確認する。

5　実際の操作はシミュレータによってさまざまである。

メッシュの細かさの判断基準は，解析対象の形状をしっかり模擬できていること，かつ，電磁界の実際の変化をしっかり表現できる程度[6]になっていることである。3.3.3 項で説明した導波路ポートと不連続部までの距離と同様に，メッシュサイズを少し細かくしても着目する特性の出力に変化がなければ問題ない。

メッシュ生成を終えたら，電磁界シミュレーションを実行するソルバーの出番となる。ソルバーは第 3 章で説明した有限要素法解析を実行する。このとき，図 1.6 の励振解析かそれ以外かによって用いる数値計算ルーチンが異なる。使用メモリ・計算時間はハードウェア・シミュレータ・問題によって異なるが，大まかに見積もりたい場合は，文献 [2] の手法が有効である。

メッシュの細かさを解析中にアダプティブに細かくしていく，アダプティブメッシュアルゴリズムを搭載しているシミュレータもある。基本的なアルゴリズムは，まず現在のメッシュで解を得て，電磁界の強い部分のメッシュをさらに細かくし，再度解析する。解[7]が前回のメッシュの解に比べてあまり変化しなくなったら，収束して完了させる。ただし，最初のメッシュが粗すぎる場合はうまく収束しない場合がある。また，同軸線路で給電したパッチアンテナなどでは，同軸線路部の電磁界が強いため必要以上に細かいメッシュになってしまい，うまくいかない場合もあることに注意が必要である。

励振解析

図 1.6(a) の励振解析の場合は，行列方程式を解く問題となる。行列問題の数値解法 [3] はいろいろあり，最も基本的な解法はガウスの消去法（掃き出し法）であるが，有限要素法解析の行列方程式は非常に疎な行列（多くの成分が 0）なので，より効率の良い反復解法が使われることが多い。解析が終了したら，式 (3.5) の係数 a_j（電界分布）が得られる。

6　メッシュ 1 辺が 1/20 波長程度。

7　例えば，S パラメータやエネルギー。

導波路解析／共振器解析

図 1.6(b)(c) の導波路解析，共振器解析では，一般化固有値問題の数値計算を行う。固有値問題の数値計算では，多くのモード数を計算すると時間がかかるので，計算モード数を不必要に多く設定しない方がよい。解析が終了したら，導波路解析では固有値として各モードのカットオフ周波数，固有ベクトルとして式 (3.5) の係数 a_j（モードの電界分布）が得られる。共振器解析では固有値として各モードの共振周波数，固有ベクトルとして式 (3.5) の係数 a_j（モードの電界分布）が得られる。

4.1.4　結果出力

解析が終了したら，第 2 章で説明した所望の特性[8]を出力するための設定をする。この設定は解析開始前に行う場合もあるし，後から追加で行うこともある。設定方法はシミュレータによってさまざまなので，使用するシミュレータのマニュアル等を参照いただきたい。適切に設定したら，第 2 章で説明したマイクロ波回路やアンテナの諸特性を得ることができる。

電磁界シミュレータが出力するのは電界分布，カットオフ周波数，共振周波数などであるが，他のマイクロ波回路やアンテナの諸特性は，シミュレータの出力を直読あるいは少し再計算して得ることができる。このように，ソルバーが終了した後で所望の諸特性を得るために計算して表示する処理を後処理（ポストプロセス）という。

4.2　ダイポールアンテナの解析例

本節では，有限要素法解析に基づく市販のシミュレータ COMSOL Multiphysics（以下，COMSOL）[9]を用いて，2.45GHz で共振するように設計したダイポールアンテナ（図 4.6）の解析の手順について説明する。自由空間に半径 0.5mm，全長 60.5mm の導体棒があり，中央に 0.5mm

---

8　S パラメータ，アンテナの利得や指向性など。

9　COMSOL Multiphysics は電磁界のシミュレーションだけでなく，力学，熱，流体などいろいろな物理現象をシミュレーションできる有限要素法シミュレータである。

の給電用の間隙がある。このダイポールアンテナの入力インピーダンスと利得の指向性を解析してみよう。

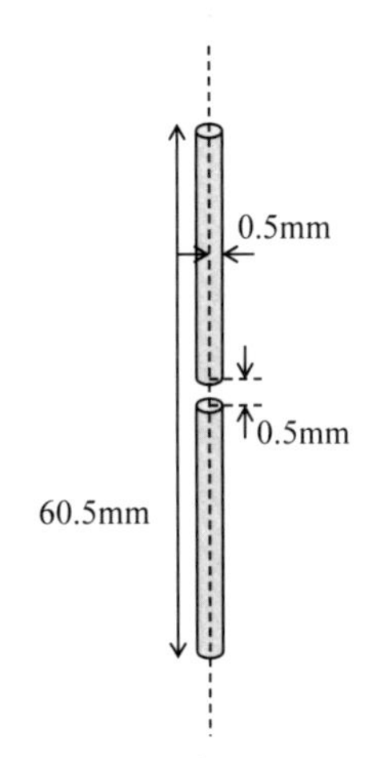

図 4.6 ダイポールアンテナ

4.2.1 モデリング

COMSOL では，先に次項で説明する解析条件の設定を行う必要があるが，ここでは 4.1 節の流れに従って，モデリングから説明する。

図 4.7 に，有限要素法解析のために COMSOL で図 4.6 のダイポールアンテナをモデル化した例を示す。「ジオメトリ (Geometry)」の項目で描画する。図 4.7(a), (b), (c) はそれぞれ全体モデル，ダイポールアンテナ部の拡大，給電部の拡大を示している。

メッシュを切るための，真空をモデル化する空間は，図 4.7(a) のように直方体（立方体）を用いており，周囲境界には吸収境界条件[10]を設定している。また，ダイポールアンテナの上下の端から吸収境界壁までの距離は，周波数 2.45 GHz（波長 122 mm）において 1/4 波長離すようにしている。3.3.2 項では 1/2 波長以上離すと説明したが，これはあくまで一

10 通常の Mur の吸収境界条件。

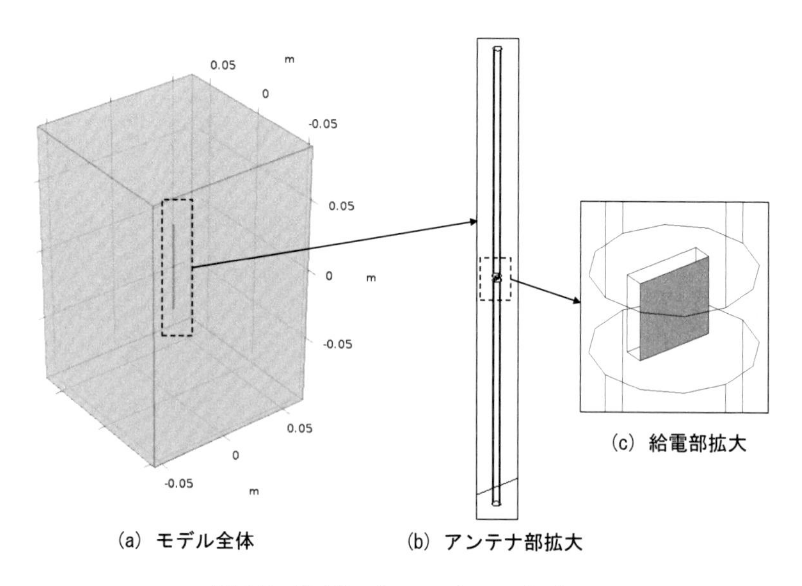

(a) モデル全体　(b) アンテナ部拡大　(c) 給電部拡大

図 4.7　ダイポールアンテナのモデル化

つの基準であり，実際にこの距離で十分かどうかは，吸収境界壁までの距離をさらに離したモデルで解析し，反射係数など着目する特性の値に変化がないことを確認する。

図 4.7(b) に示すように，ダイポールアンテナの上下導体棒は，円柱でモデル化している。給電部は 50Ω の内部インピーダンスの集中ポートとしており，上下の導体棒に接するように描かれた直方体の 1 面に設定されている（図 4.7(c)）。解析モデルはすべて図 4.2 に示すプリミティブを用いて描かれているのがわかる。

また，材料定数は「材料 (Materials)」の項目で指定し，ダイポールアンテナの円柱に銅 (Cu) を，それ以外のオブジェクトには真空を設定している。

4.2.2　解析条件の設定，解析

COMSOL は電磁界シミュレーションのみならず，さまざまな物理現象の解析ができるので，「フィジックス (Physics)」の項目で明示的に電

磁界シミュレーション「電磁波（周波数解析）」を指定する。さらに，1.3節で説明した解析の種別を指定する。実際には，COMSOLでは，これらを指定しなければ前項のモデリングの設定ができない[11]。

ここまで設定したら，次に解析周波数および周波数スイープ範囲を設定する。これらの設定はCOMSOLでは「スタディ (Study)」という項目で指定する。メッシュはCOMSOLが自動的に生成してくれるが，細かさは「メッシュ (Mesh)」の項目で指定可能である。図4.8に，自動生成されたメッシュを示す。そして解析を実行する。COMSOLではスタディの欄の上部に「計算 (Compute)」というボタンがある。

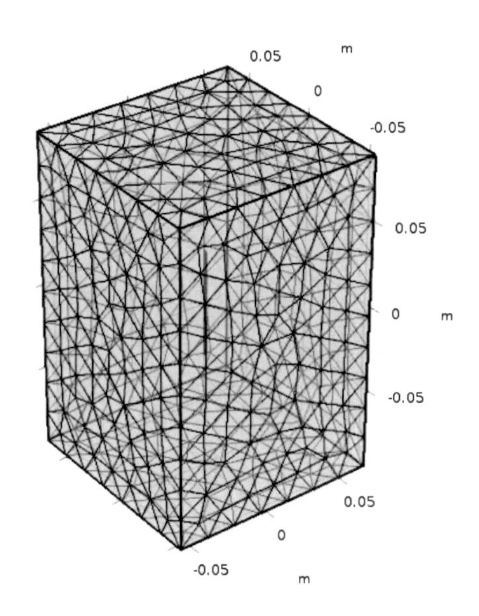

図4.8 ダイポールアンテナ解析のメッシュ

COMSOLのウェブサイトのアプリケーションギャラリ [4] では豊富な

11　いろいろな物理現象の解析を対象とした広範なシミュレータだからである。

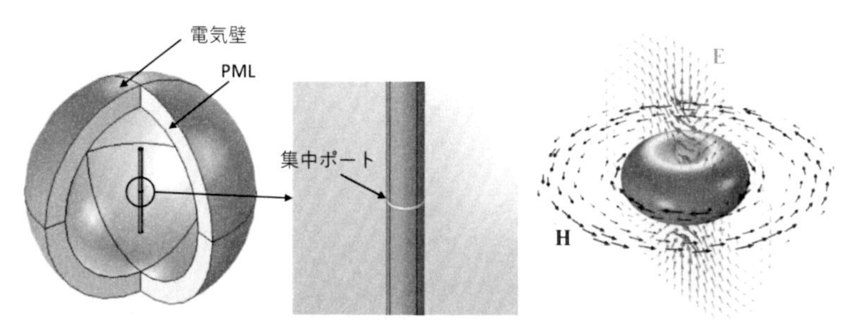

(a) シミュレーションモデル　　(b) 遠方界指向性と近傍電磁界ベクトル

図 4.9　COMSOL Multiphysics アプリケーションギャラリのダイポールアンテナのモデル化 [4]

モデル例のライブラリ[12]が公開されており，ダイポールアンテナのサンプルファイル[13]もある（図 4.9)。解析領域を球で描き，その周囲境界から少し内側までを完全整合層 (PML) 吸収境界壁に設定しているという点が本節のモデル化とは異なるが，特性の解析という意味ではどちらも正しい。3.3.2 項で説明したように，最も単純な Mur の吸収境界条件を用いても，物体と吸収境界壁までの距離を 1/2 波長以上離すなど基本的なことに注意すれば，特性を解析するという目的は十分達成できる。このように，シミュレーションのモデル化には自由度があり，どのようにモデル化するかは好みの問題である。

4.2.3　結果

解析が終了すると，「結果 (Results)」の項目で第 2 章で説明したいろいろな特性を得ることができる。図 4.10 に，ダイポールアンテナからの放射電界強度の結果を示す。このように解析空間内の電界強度を表示することができ，空間内の電界分布は式 (3.5) で得られる。式 (3.5) はフェーザ表示であるが，式 (1.8) を用いると時間波形の瞬時値を得ることができる。

12　電磁界シミュレーションのモデルは「分野でフィルター」で「Electrical」を選び，「製品名で検索」に「RF モジュール」を入力する。

13　「Search」に「Dipole Antenna」と入力すると直接検索できる。

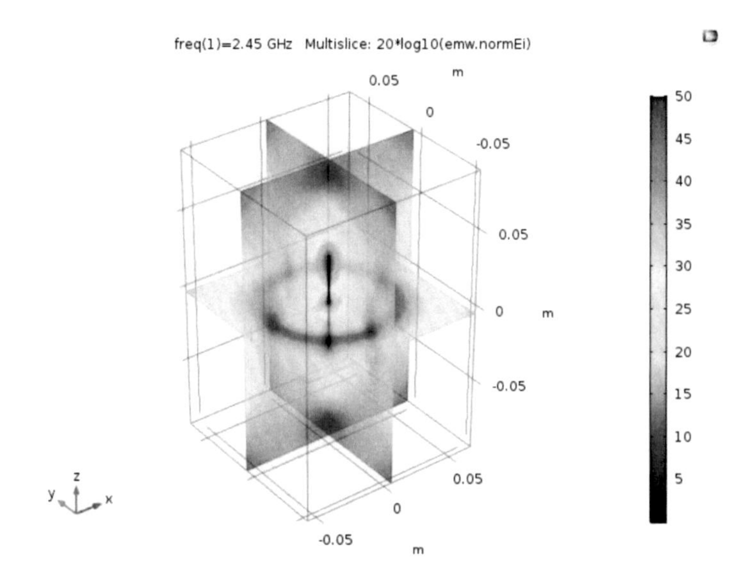

図 4.10 ダイポールアンテナからの放射電界強度

また，式 (1.8) の t を 1 周期をフレーム数に分割して進めることで，時間調和振動のアニメーションを描くこともできる[14]。図 4.10 はこのようにして特定のカット面での分布を描いている。

時間変化アニメーションを表示すると，放射している様子が直観的にわかりやすいだけでなく，放射された電磁波がしっかり吸収境界壁に吸収されている様子を観測でき，シミュレーションの媒質・境界条件・励振条件が正しく行えているかどうかも確認できる。なお，電界以外にも，磁界，電流を各成分ごとに表示させたりすることもできる。

また，放射電界強度の他にも，周波数 2.45GHz の反射係数 $0.402+j0.22$ (-6.78dB, 28°)，入力インピーダンス $97.2+j54.2$ が得られる。図 4.11 にダイポールアンテナの入力インピーダンスの周波数特性を示す。MoM の結果は著者によるモーメント法解析 [5] の結果であり，電子情報通信学

14　COMSOL ではアニメーション出力の設定において「シーケンスタイプ」を「ダイナミックデータ拡張」とすることで，このような操作を行える。

会エレクトロニクスシミュレーション研究会のウェブサイト [6] にも規範問題として掲載されている。COMSOL の解析結果とモーメント法の解析結果は，非常によく一致している。

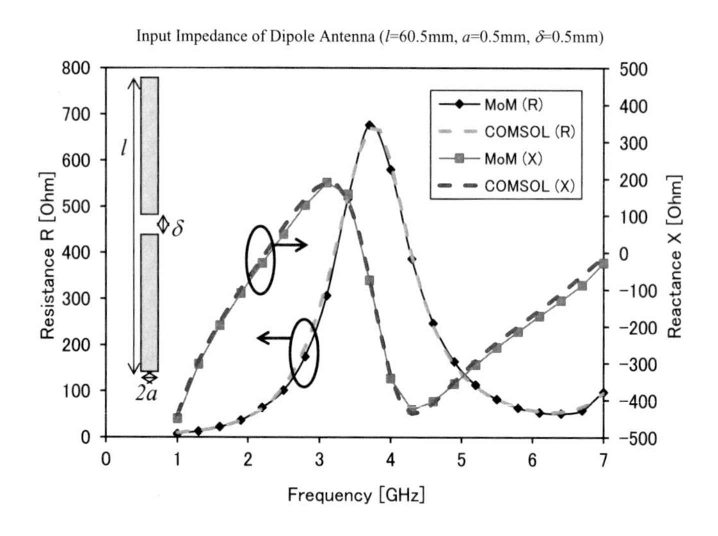

図 4.11　ダイポールアンテナの入力インピーダンス

遠方界指向性や利得の計算は，3.3.2 項で説明したように，吸収境界壁上の電磁界から求まる等価表面電磁流を面積分して求めることができ，シミュレータが計算してくれる。図 4.12 にダイポールアンテナの遠方界指向性（垂直／水平面）を示す。最大指向性利得は 1.68 となっており，2.5.6 項で説明した 1.64 と非常に近い値が得られている。また，立体的に描いたダイポールアンテナの 3 次元遠方界指向性を，図 4.13 に示す。最大指向性利得のみならず，所望方向の利得も出力できる。

3.3.2 項で，物体（散乱問題の場合は散乱体）から吸収境界壁までの距離について 1/2 波長以上離すという注意を説明したが，これに関するグラフを図 4.14 に示す。横軸はダイポールアンテナから吸収境界壁までの距離を波長単位で示しており，縦軸左右はそれぞれ反射係数の振幅と位相

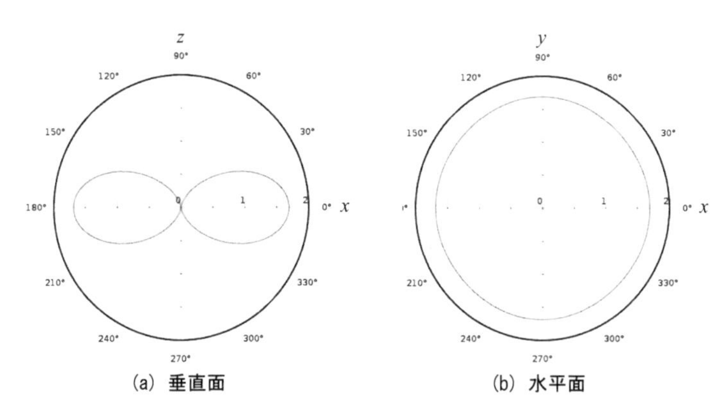

(a) 垂直面　(b) 水平面

図 4.12　ダイポールアンテナの遠方界指向性（垂直／水平面）

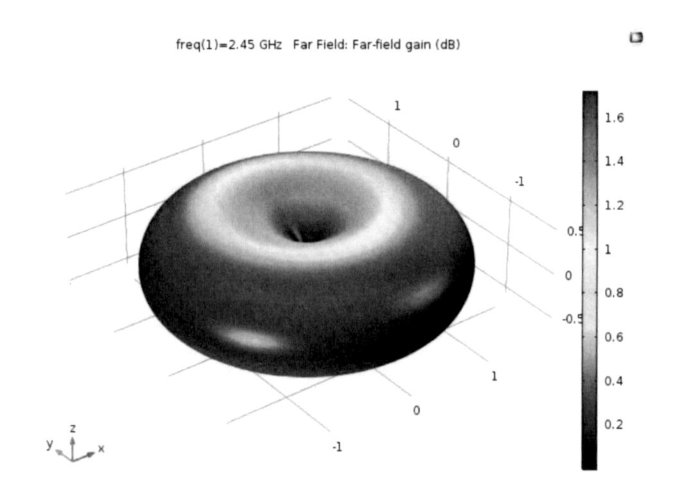

図 4.13　ダイポールアンテナの 3 次元遠方界指向性

である。図 4.14 から，物体と吸収境界壁までの距離は，1/2 波長以上離せば一定値に収束しているのがわかる。シミュレータを使用する際は，最初はこのように開放空間のモデル化のサイズやメッシュの細かさなどがどの程度必要かを慎重に調べながら感覚をつかむとよい。

3.3.3 項で説明した電圧源型集中ポートでは内部（基準）インピーダン

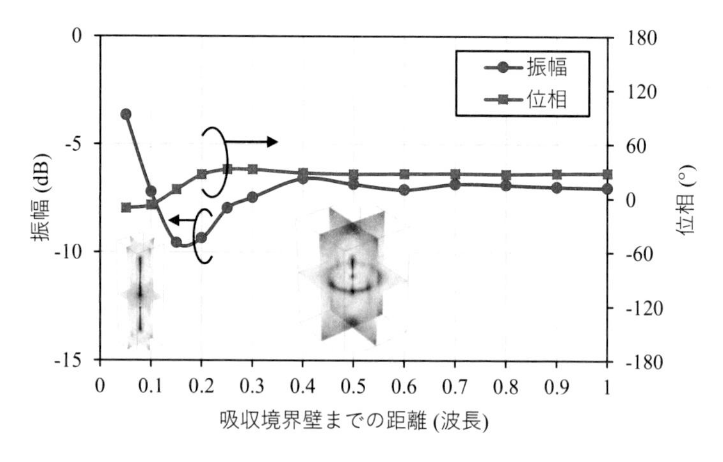

図 4.14　反射係数の吸収境界壁までの距離の影響（周波数 2.45GHz）

スを設定するが，結果として集中ポート電圧・電流・電力が得られる。

図 4.15(a) にテブナンの定理を用いて表現した内部インピーダンス Z_0，電圧 V_0 の電圧源型集中ポートのモデルを示す。集中ポートから見ると，外部が 3 次元空間であろうと，等価回路として図 4.15(a) のような入力インピーダンス Z で表現される。電磁界シミュレーションの結果として，Z の両端（集中ポート出力）にかかる電圧 V と電流 I が得られるので，外部の等価回路 Z で消費される電力は電気回路理論に従って $P_{\text{in}} = VI^*/2$ で計算できる。

電圧の反射係数（S パラメータ）を計算したい場合は，式 (2.14) において $Z_1 \rightarrow Z_0$，$Z_2 \rightarrow Z$ と置き換えて，$S_{11} = \Gamma = (Z - Z_0)/(Z + Z_0)$ で変換することができる[15]。図 4.15(b) のように，ノートンの定理を用いて表現した電流源型集中ポートの計算も同様である。

次に，空間に放射されるエネルギーを計算しよう。これは，式 (1.13) のようにポインティングベクトルの法線面積分で計算できる。幸い，電磁界シミュレータを用いるとこのような計算は容易である。図 4.7 のダイ

15　電磁界シミュレータではこれらすべての特性が出力できるようになっているが，このようにいくつかの特性は他の特性が関連していることを確認するとよい。

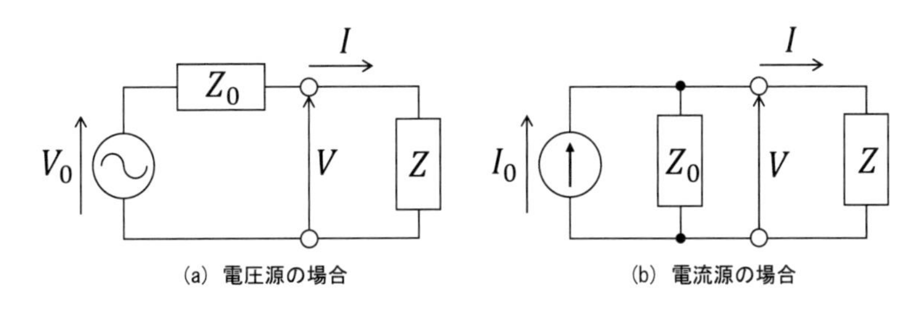

(a) 電圧源の場合　(b) 電流源の場合

図 4.15　入力インピーダンス，集中ポート電圧・電流・電力

ポールアンテナの解析モデルでは，直方体の周囲境界で得られた電磁界から式 (1.12) のポインティングベクトル $\mathbf{W}$ を計算し，式 (1.13)，この場合は周囲境界 6 面の閉曲面で面積分して $P_{\text{rad}} = \oiint_S \mathbf{W} \cdot d\mathbf{S}$ から計算することができる。解析空間から外部に放射される電力を計算するので，$d\mathbf{S}$ は境界外向きの面素ベクトルである。

COMSOL では「結果」の"Derived Values" に"Surface Integration" を追加して，周囲境界 6 面を選択し，"emw.nPoav (Power outflow, time average)" の項目を計算すればよい。空間を無損失な材料でモデル化した場合には，P_{in} と P_{rad} が数値計算の誤差範囲で一致するはずなので，そのことを確認するとよい。一般に材料に損失があるときは，P_{rad} は P_{in} よりも小さくなり，2.5.5 項で説明したアンテナの放射効率 $\eta = P_{\text{rad}}/P_{\text{in}}$ を計算することができる。

参考文献

[1] 橋口真宜，藤井 知，平野拓一，坂東弘之：COMSOL Multipysics による計算科学工学―波動系（5），『日本計算工学会誌』，Vol.23，No.2，pp.20(1)-20(9)，2018.

[2] 平野拓一，広川二郎，安藤 真：電磁界シミュレータの計算負荷の評価，『電子情報通信学会技術研究報告』，Vol. 112, No. 401, EST2012-79, pp. 79-83, 2013.

[3] ギルバート・ストラング：『ストラング線形代数イントロダクション』（松崎公紀，新妻 弘 訳），近代科学社，2015.

[4] COMSOL Multiphysics アプリケーションギャラリ
https://www.comsol.jp/models

[5] 本書の補足資料のウェブサイト
http://www.takuichi.net/book/em_fem/

[6] 電子情報通信学会エレクトロニクスシミュレーション研究会
http://www.ieice.org/es/est/activities/canonical_problems/

第5章

規範問題と解析例

本章では例題を用いて励振解析，導波路解析，共振器解析をすべて網羅するように説明する。例題は単純な構造であるが，より複雑な構造の解析にも応用できるようになっている。本章で説明したモデルを組み合わせれば非常に多くの問題に対応できるはずである。なお，本章で扱う例題は，電子情報通信学会エレクトロニクスシミュレーション研究会の規範問題 [1] に掲載されているデータである。ページ数の制約があり，また，シミュレータやバージョン等の違いの影響をなるべく受けないように説明しているため，本書の解説だけでは足りない説明は著者のウェブサイト [2] を参照いただきたい。

5.1　励振解析

励振には集中ポート，導波路ポート，平面波入射（散乱界表示）の 3 つの方法があるが，集中ポートによる励振の例はすでに 4.2 節で説明したので，本節では，導波路ポートによる励振の例として導波管スロットアンテナの解析，平面波入射（散乱界表示）による励振の例として金属球による散乱の解析を説明する。

5.1.1　導波路モード励振（導波管スロットアンテナ）

図 5.1 に導波管スロットアンテナの構造を示す。金属内部の幅 58.1 mm，高さ 29.1 mm，金属壁の厚さ 1.6 mm の 4 GHz 帯標準方形導波管 (WRJ-4) の広壁の，中央から 20 mm オフセットした位置に，長さ 37 mm，幅 5 mm のスロットが切られている [3]。スロット外部の空間は，無限に広い平面導体板[1]がある構造となっている。また，アンテナは，導波管を伝搬する TE_{10} モードの波の電磁界がスロットから外部に少し漏れる構造となっている[2]。

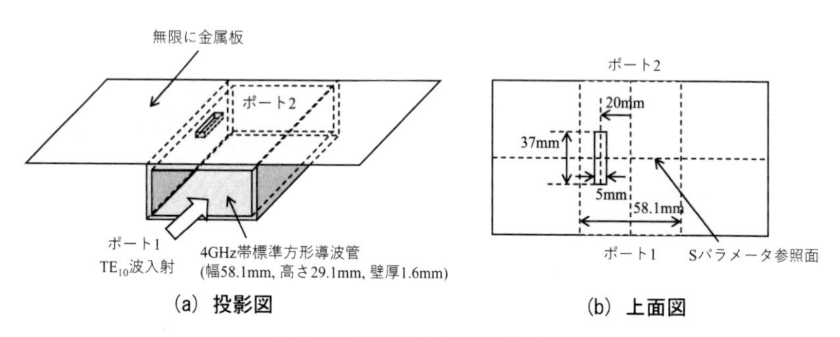

(a) 投影図　　(b) 上面図

図 5.1　導波管スロットアンテナ

図 5.2 に，図 5.1 の電磁界シミュレーションモデルを示す。シミュレー

1　実験では大きな導体板を用いる。

2　実際の応用ではスロットを導波管方向に複数あけて平面アレーアンテナとして用いる。

ションモデルはかなり単純で，図 5.2 のように 3 つの直方体 (Box) のみで構成され，導波管は Box1，スロット部は Box2，外部の空間は Box3 でモデル化されている。金属の厚さを考慮していないのは，損失が非常に小さいため，電気壁 (PEC) でモデル化しているからである。また，金属の損失を考慮する場合には電気壁ではなく，3.3 節で説明した表面インピーダンス壁としてもよいし，実際に金属の厚みを考慮してモデル化してもよい。

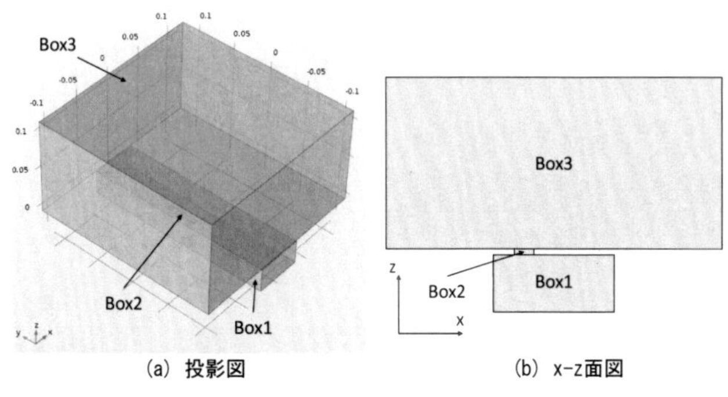

図 5.2 導波管スロットアンテナのシミュレーションモデル

Box1 の前後の壁は，導波路モード励振のポート 1,2 を設定している。3 次元の励振解析に先立って，ポート 1,2 の導波路モードの解析が行われるが，COMSOL では明示的に「スタディ」での設定で，2 つのポートの導波路モード解析[3]を 3 次元の励振解析[4]の前に入れておく必要がある。

多くの電磁界シミュレータでは，境界条件を何も設定しない場合のデフォルトが決まっており，COMSOL では電気壁 (PEC) になっている。必要ならば後から設定して上書き更新していく。

Box1 と Box2 が接する境界面，Box2 と Box3 が接する境界面のように，2 つのオブジェクトが接する境界面は，電気壁の条件が外れ，この例では 2 つのオブジェクトの媒質の境界面となる。Box3 は，下面のスロッ

3 COMSOL では「境界モード解析 (Boundary Mode Analysis)」と表示される。

4 COMSOL では「周波数解析 (Frequency Domain)」と表示される。

ト開口部以外のグランド面は電気壁のままでよいが，それ以外は開放空間を模擬する必要があるので，上面と前後左右の 5 面は吸収境界壁としている。

図 5.3 にメッシュと電界分布を示す。このように励振ポートが 2 つ以上ある場合には，どのポートから励振するか明示的に設定できるようになっている。図 5.3(b) ではポート 1 から励振している。スロットから漏れた電磁波が Box3 の外部空間に放射され，吸収境界壁に吸収されて吸い込まれていく様子がわかる[5]。図 5.3(b) のように，任意のカット面を設定して，電界，磁界，電流など所望の値を描くことができる。

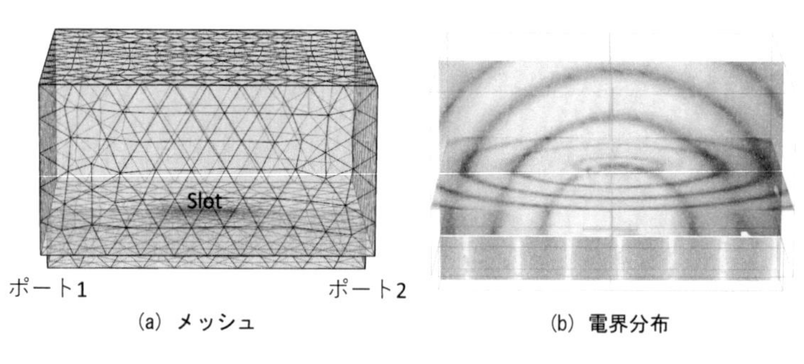

(a) メッシュ　　(b) 電界分布

図 5.3　導波管スロットアンテナのメッシュと電界分布

図 5.4 に，導波管スロットアンテナの S パラメータ（S_{11}, S_{21} の振幅）を示す。MoM は著者によるモーメント法解析 [3] の結果であり，COMSOL の結果とよく一致していることが確認できる。方形導波管はよく用いられるため，COMSOL では厳密解のモード関数を使用できるようになっており，その結果が"COMSOL: Rect." の曲線である。また，COMSOL は任意の断面形状の導波路解析もできるので，そのように数値計算でモード関数を求めた結果が"COMSOL: Num." である。COMSOL での方形導波管の導波路解析については 5.2.4 項で説明する。

5　時間変化アニメーションにするとさらにわかりやすい。

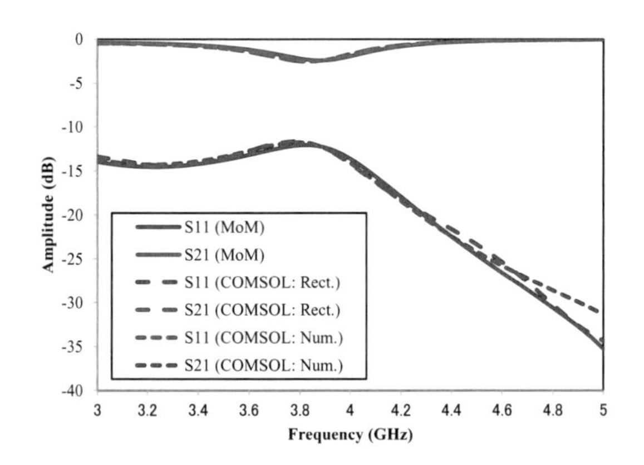

図 5.4 導波管スロットアンテナの S パラメータ

5.1.2 平面波入射（電気的完全導体球による散乱）

図 5.5 に，x 軸方向直線偏波の平面波入射波に照射された半径 $a = 1/2$ 波長の完全導体 (PEC) 球による散乱のモデルを示す。この問題は，特殊関数[6]を用いて解析的に解くことができる [4]。

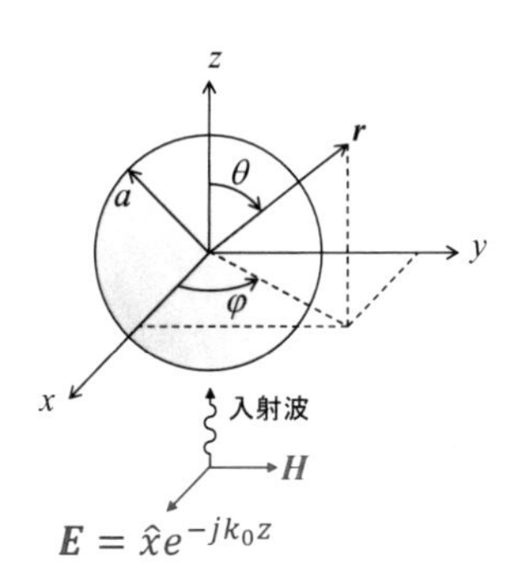

図 5.5 完全導体球による散乱 ($a = 1/2$ 波長)

3.3.3 項でこのような散乱問題を有限要素法で扱う方法を説明した。

6 球ベッセル関数，ルジャンドル関数。

COMSOL では電磁界解析の「背景電場」の設定で任意の入射波を設定できるようになっている。図 5.6(a) に COMSOL のシミュレーションモデルを示す。中央に完全導体球があり，真空の解析領域を立方体でモデル化している。全 6 面の周囲境界は吸収境界壁としている。図 5.6(b) に電界分布を示す。入射波 + 散乱波の全電界が表示されているが，解析では，3.3.3 項で説明したように散乱界表示されているため，吸収境界壁がうまく機能している。

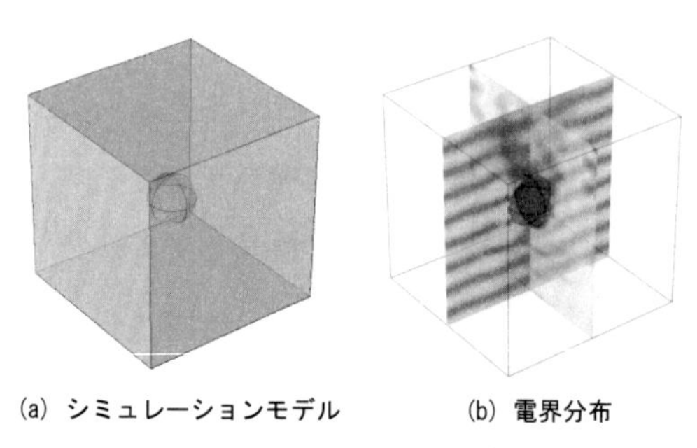

(a) シミュレーションモデル　　(b) 電界分布

図 5.6　完全導体球による散乱のシミュレーションモデルと電界分布

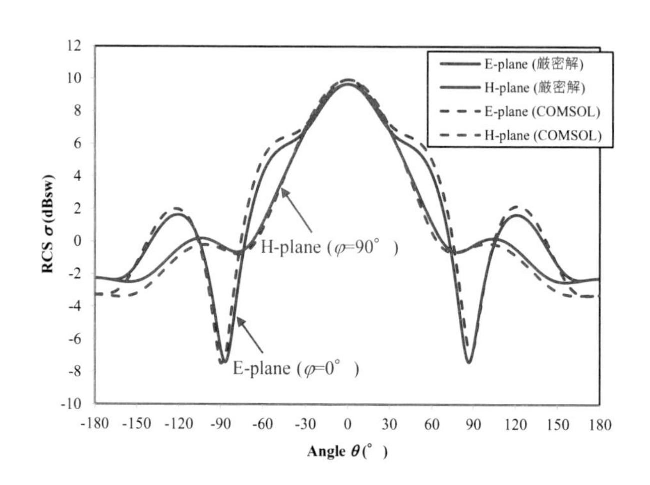

図 5.7　完全導体球の散乱断面積

図 5.7 に半径 1/2 波長の完全導体球の散乱断面積 σ を示す。厳密解と COMSOL による結果は一致していることがわかる。一致の精度が気になる場合は，メッシュを細かくするなど数値解析としてのシミュレーションの精度を調整すればよい。なお，アンテナの指向性を 3 次元空間の曲面で描いたように，散乱断面積も図 5.8 のように 3 次元表示することもできる。

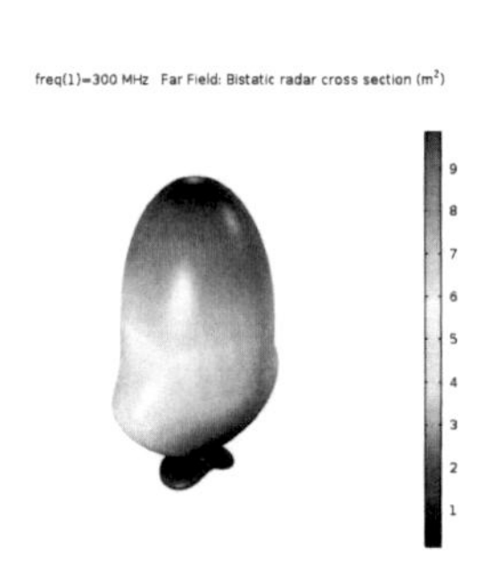

図 5.8 完全導体球の 3 次元散乱断面積

5.2 導波路解析

本節では導波路解析の例について説明する。いくつかの導波路について，厳密解あるいは精度の良い近似解と比較して検証してみよう。厳密解あるいは近似解の計算は，著者のウェブサイト [2] で行える。

5.2.1 同軸線路

図 5.9(a) に，JIS 規格 5D-2V の同軸線路のシミュレーションモデルを示す。内導体および外導体の半径はそれぞれ 0.7mm, 2.4mm で，導体間の絶縁体にはポリエチレン（比誘電率 2.2）が使用されている。COMSOL では 2 次元構造のみ描画してもモード解析ができるが，3 次元構造の面を導波路ポートとしてもよく，ここでは 3 次元構造の面に対して解析を行っている。

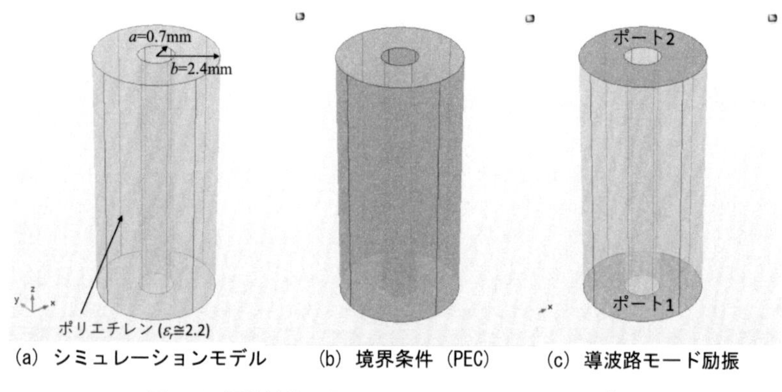

(a) シミュレーションモデル　(b) 境界条件 (PEC)　(c) 導波路モード励振

図 5.9　同軸線路 (5D-2V) のシミュレーションモデル

この線路のポートの境界モード解析を行い，カットオフ周波数が小さい方から３つのモードを解析すると，図 5.10 の導波路モードが得られる。導体に垂直に入っているベクトルが電界であり，電界と直交しているのが磁界である。また，図中には周波数 500MHz の各モードの伝搬定数 γ も示している。

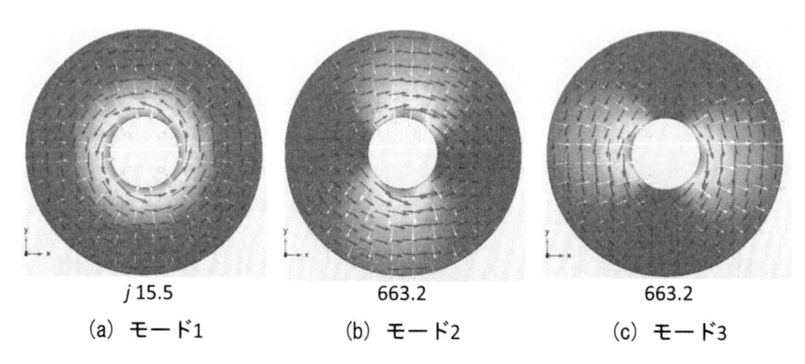

j 15.5　663.2　663.2

(a) モード1　(b) モード2　(c) モード3

図 5.10　同軸線路の導波路モードと周波数 500MHz の伝搬定数 γ

モード１は通常用いられる同軸モードであり，電界は内導体から外導体まで軸対称・放射状に分布，磁界は軸対称・軸を中心とする円状に分布する。このモードはTEM波なので，カットオフ周波数は0（直流）から伝搬可能である。

COMSOLを含む市販のシミュレータは，カットオフ周波数を直接表示せず，周波数を指定して伝搬定数を表示させるものが多い。500MHzにおける伝搬定数は$\gamma = j15.5$, すなわち減衰定数$\alpha = 0$, 位相定数$\beta = 15.5$で伝搬モードである。このモードはTEM波なので，$\omega\sqrt{\mu\epsilon} = 2\pi f\sqrt{\mu\epsilon}$で計算した値と一致し，計算結果の正しさが確認できる。

モード2,3は，周方向に1回変化する分布である。モード2,3は同じ伝搬定数$\gamma = 663.2$を有し，このようなモードは互いに縮退しているといわれる。モード関数の分布形状は，互いに90°回転させると同じになる。

これらのモードは減衰定数$\alpha = 663.2$，位相定数$\beta = 0$でカットオフになっている。伝搬可能になるカットオフ周波数を知りたい場合は，シミュレータの設定で周波数を徐々に高くしていき，$\alpha = 0, \beta > 0$となる周波数を調べればよい[7]。一般に，損失が大きい線路では伝搬モードでも$\alpha = 0$とはならないので，そのような場合はどの周波数から$\beta > 0$となるかを調べる。

このように調べると，21〜22 GHzの間に高次モード（モード2,3）のカットオフ周波数があることがわかる。同軸線路は円柱座標に一致する境界を有するので，解析的に解くことができる。またTEM波の次にカットオフ周波数が高いTE_{11}波のカットオフ周波数は$k_c \simeq 2/(a+b)$, $f_c = kc/(2\pi\sqrt{\mu\epsilon}) \simeq 20.8$GHz [5]であり，厳密には一致しないが近い値であることが確認できる。

2.4.6項で説明したように，高次モードのカットオフ周波数より高い周波数では，安定した信号伝送動作が期待できないため，通常はそれより低い周波数で同軸線路を使用する。一般に，同軸線路の高次モードのカットオフ周波数は，直径$(2b)$が小さくなるほど高くなるので，高周波用の同軸ケーブルは直径が細くなっているのである。

最後に，TEM波に対して特性インピーダンスを計算しよう。特性イ

7　2分法で探索するような手順である。

ンピーダンスは TEM 波に対してのみ定義されるので[8]，COMSOL では ポートの設定で「TEM 波として解析する (Analyze as a TEM field)」の チェックボックスにチェックを入れる。すると，さらに式 (1.19) および 式 (1.20) で電圧・電流を定義するための経路を設定できるようになるので，図 5.11 のように外導体から内導体に向かう電圧計算用の経路 Γ，内導体周囲境界を一周する電流計算用の経路 C を定義する[9]。こうして特性インピーダンスを出力できるようになり，50.3 Ω の結果が得られる。式 (2.20) の厳密解は 49.8 Ω であり，十分な精度が得られている。

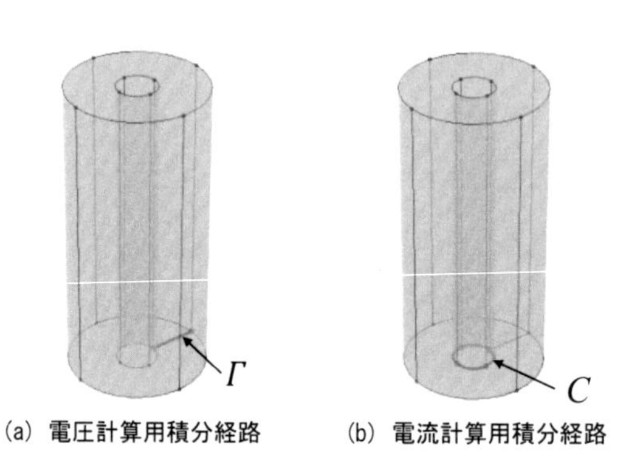

(a) 電圧計算用積分経路　　(b) 電流計算用積分経路

図 5.11　同軸線路の特性インピーダンス計算のための電圧・電流の計算

5.2.2　平行 2 本線路

図 5.12 に，図 2.10 において $a = 0.45$mm，$d = 9$mm として真空中におかれた線路の COMSOL のシミュレーションモデルとメッシュを示す。

平行 2 本線路のように，外部が開空間である導波路の解析は難しい。境

8　厳密には TE 波あるいは TM 波に対してもモード関数の電磁界の断面成分の比で定義できるが，直流的な電圧・電流の概念は通用しない。

9　ここで，Γ と C の経路には自由度がある。TEM 波の電界の支配方程式はラプラスの方程式になるので Γ は始点と終点が同じならば途中の経路には依存しない。また，磁界は静磁界のアンペアの法則（変位電流なし）で計算することになるので，内部の電流を知りたいだけならば，C はペアになっている導体の片側の導体を囲むように一周すれば経路に依存しない。

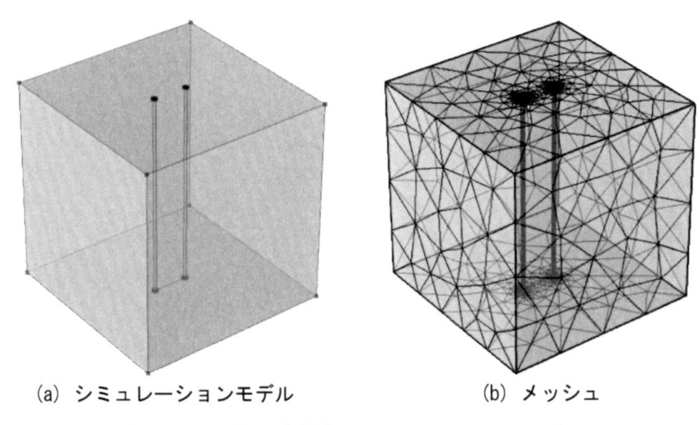

(a) シミュレーションモデル　　(b) メッシュ

図 5.12　平行 2 本線路のシミュレーションモデル

界までの距離を十分に離せば所望のモードが得られるが，周囲を完全導体にしておくと，方形導波管のモードが得られてしまうことがある。

図 5.12(a) では導波路の周囲境界を吸収境界壁としているが，場合によっては磁気壁 (PMC) の設定を試すとよい。このモデルでは，2 本の導体のためにモデル化した円柱を解析空間用の直方体からくりぬいて，円柱の壁は電気壁 (PEC) としている。導体の損失を考慮したいときは，くりぬかずにそのまま残し，円柱に対して所望の損失がある金属材料定数を設定すればよい。

同軸線路の場合と同様に導波路モード解析を行うと，図 5.13 のような電磁気学の教科書でよく出てくる図 2.10(b) の形のモードが求まる。導体に垂直に入っているベクトルが電界であり，電界と直交しているのが磁界である。もちろん高次モードも存在するが，ここでは主モードのみ示している。どの周波数まで使用可能か見積もりたい場合は，同軸線路の場合のように高次モードまで解析するとよい。

同軸線路の場合と同様に，図 5.14 のように一方の導体からもう一方の導体に向かう電圧計算用の経路 Γ，片側導体の周囲境界を一周する電流計算用の経路 C を定義し，特性インピーダンスを計算すると，360.1 Ω の結果が得られる。式 (2.28) の解[10]は 359.2 Ω であり，十分な精度が得られている。

図 5.13　平行 2 本線路の主モード

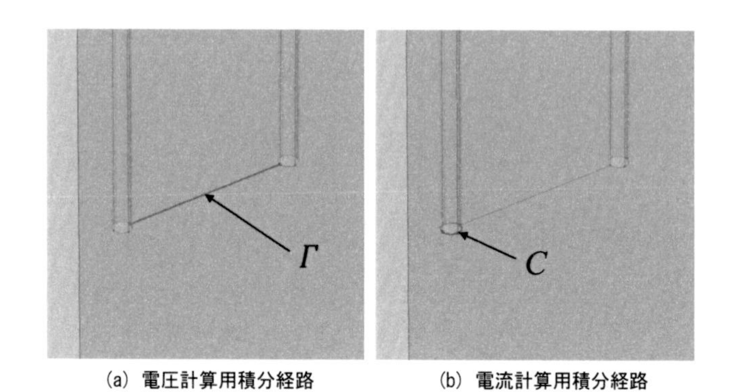

(a) 電圧計算用積分経路　(b) 電流計算用積分経路

図 5.14　平行 2 本線路の特性インピーダンス計算のための電圧・電流の計算

10　これも $a \ll d$ の近似である。

5.2.3 マイクロストリップ線路

図 5.15 に，図 2.12 のマイクロストリップ線路において，$w = 3\text{mm}$, $h = 1.57\text{mm}$, $t \to 0$, $\varepsilon_r = 4.5$ の場合[11]の COMSOL のシミュレーションモデルを示す。図 5.15(a) のように周囲境界は吸収境界壁とし，図 5.15(b)(c) のようにグランドと信号線は電気壁を設定した。導体損を調べたいときは厚さを考慮した直方体の金属でモデル化すればよい。

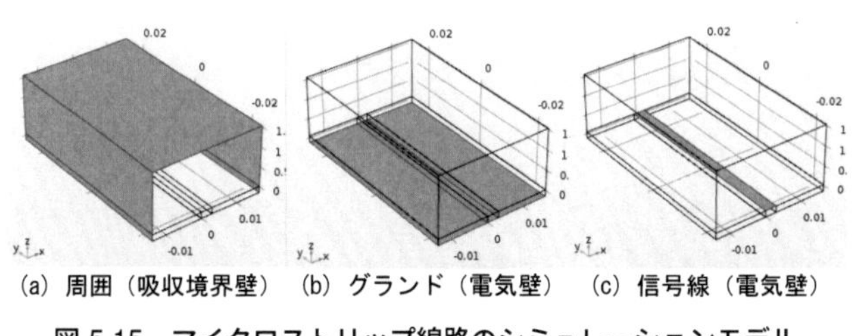
(a) 周囲（吸収境界壁）　(b) グランド（電気壁）　(c) 信号線（電気壁）

図 5.15　マイクロストリップ線路のシミュレーションモデル

平行 2 本線路と同様にして解析すると，図 5.16(a) に示すようにマイクロストリップ線路のモードが得られ，そのモードで境界から励振すると，図 5.16(b) のように線路に沿って進行する電磁波が計算できる。図 5.16(a) を見るとわかるように，上部と左右は開放空間であるものの，ほとんどのエネルギーは信号線の下に集中していることがわかる。この性質より，平行 2 本線路よりは外部の影響を受けずに信号伝送できることが予想できる。また，2.4.6 項で説明したように，進行方向には $\exp(-\gamma z)$ で[12]変化して正弦波状の波になっている様子がわかる[13]。

マイクロストリップ線路のモードは，断面内の媒質が誘電体基板と真空の 2 つなので，厳密には TEM 波とはならないが，電磁界の進行方向成分はわずかであり，ほとんど TEM 波といってもよい。そこで，平行 2 本線路の場合と同様に，図 5.17 のようにグランド板から信号線に向かう電圧

11　FR-4 基板を想定。

12　減衰は無視できるので，$\exp(-j\beta z)$。

13　時間波形には式 (1.8) で変換できる。

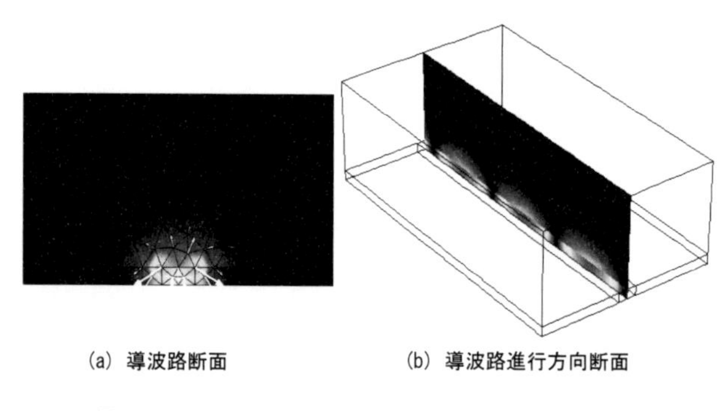

(a) 導波路断面　　(b) 導波路進行方向断面

図 5.16　マイクロストリップ線路モードの電界分布

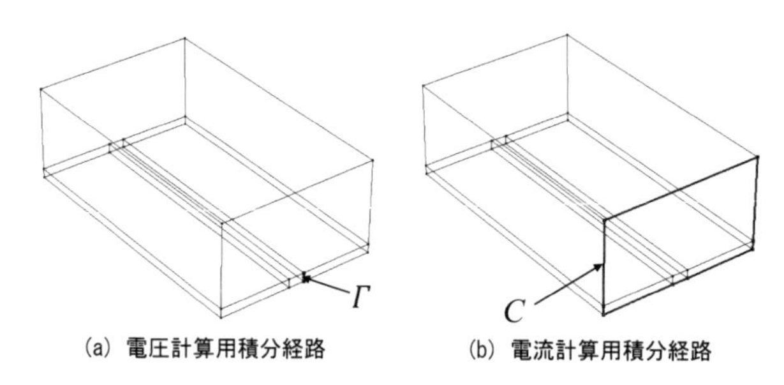

(a) 電圧計算用積分経路　　(b) 電流計算用積分経路

図 5.17　マイクロストリップ線路の特性インピーダンス計算のための電圧・電流の計算

計算用の経路 Γ，信号線を囲む電流計算用の経路 C を定義し，特性インピーダンスを計算すると，46.5 Ω の結果が得られる。著者のウェブサイト [2] にある近似計算では 49.4 Ω と近い値が得られている。

また，導波路モード解析の結果として，位相定数 β が求まる。マイクロストリップ線路の断面内の誘電率は一様ではないが，TEM 波に近い性質を持っているならば，等価的に一様な誘電率 $\varepsilon_{\mathrm{eff}}$[14] の誘電体で満たされていると仮定して，位相定数を $\beta = \omega\sqrt{\varepsilon_{\mathrm{eff}}\mu}$ と計算できるはずである。このようにして求めた実効比誘電率は 3.48 であり，著者のウェブサイト [2] で計算した近似値 3.40 とよく一致している。ここでは，シミュレータの

14　実効誘電率という。

値の検証として，近似値を参照したが，実際の設計では近似値を求めてマイクロストリップ線路を設計し，それをシミュレータで再確認する手順となる。

本項で調べたように，マイクロストリップ線路の特性インピーダンスと実効誘電率の近似計算は，実用上十分な精度である。また，マイクロストリップ線路のモードの電磁界分布は，図 5.16 に示すように信号線の下に集中している。そのため，図 5.18 に示すように信号線端部とグランドの間に定義した集中ポートで励振する方法もあり，集中ポートの内部インピーダンスをマイクロストリップ線路の特性インピーダンスに合わせると，特性は導波路ポート給電とよく一致する。集中ポートによる励振モデル化は，ポートの広さの影響を考える必要がなく簡易なため，よく用いられる。

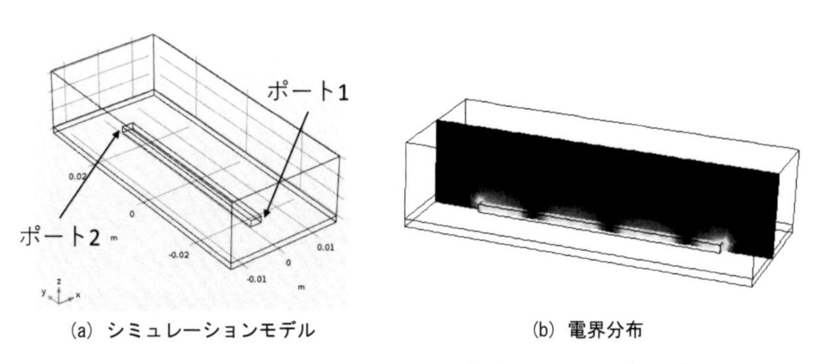

図 5.18 マイクロストリップ線路の集中ポートによる励振モデル化

5.2.4 方形導波管

図 5.19 に，図 2.13 の方形導波管において，a = 58.1mm，b = 29.1mm（4GHz 帯方形標準導波管 WRJ-4）の場合の COMSOL のシミュレーションモデルを示す。

方形導波管は，現象の解釈は高周波特有で難しいものの，シミュレータでのモデル化は非常にシンプルで，直方体を 1 つ描くだけである。前後の壁は導波路ポートを，他の上下左右の4面の壁は電気壁 (PEC) を設定しており，内部は真空である。閉じた構造なので，解析に必要なメッシュ数も少ない。なお，他の導波路と同様に，金属の損失を考慮したい場合は，金属の壁厚を考慮してモデル化[15]すればよい。

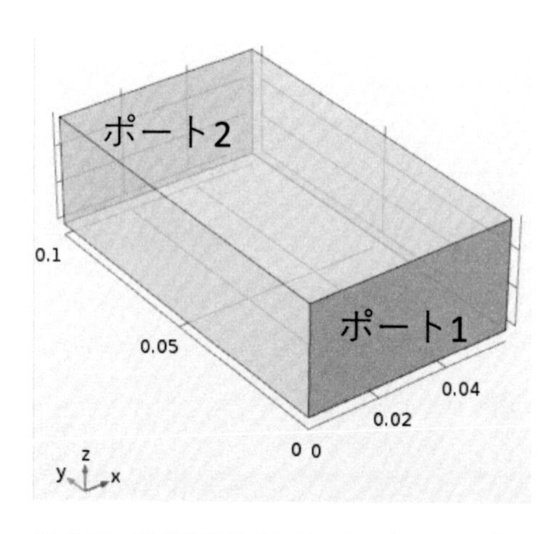

図 5.19　方形導波管のシミュレーションモデル

図 5.20 に，主モードである TE_{10} モードの電界分布を示す。図 5.20(a) の断面内の分布は，横方向に正弦波状に変化し中央で最大となるような強度分布で，電界は上方向を向いている。縦方向には一様である。断面内でこの分布形状を保ったまま，進行方向に図 5.20(b) のように位相定数を β として $\exp(-j\beta z)$ で変化する。

一般にすべての導波路には，1つのモードだけでなく，周波数が高くなると伝搬可能になる高次モードも存在する。図 5.21 には主モードの TE_{10} モードに加え，さらに2つの高次モード TE_{11} モード，TE_{20} モードの電界分布を描いている。もちろん，より高次のモードも無限に存在し，高次になるほど断面内での強度変化の回数は増えていく。

方形導波管は運よく厳密解が得られる構造なので，TE_{mn}, TM_{mn} と名

15　2つの直方体を使う。

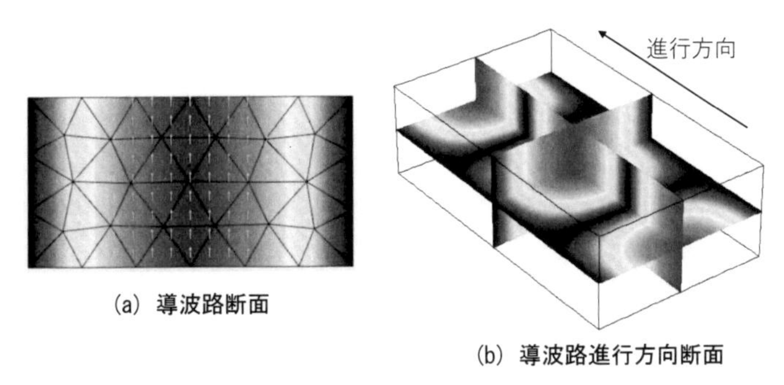

図 5.20 方形導波管の TE_{10} モード

付けられているが，数値計算を行うシミュレータではカットオフ波数の小さい順にモード 1, 2, 3, ··· と名付けるのが普通である。

図 5.21 の右側の進行方向の電界強度分布を見ると，モード 1 のみ波打って進行しており，モード 2,3 は指数関数的に減衰しているのがわかる。これは，減衰定数 α のみ値を持ち，位相定数は 0 になっているカットオフのモードである。電界は少しだけ導波管の中に染み込むものの，全エネルギーが反射して電力損失はない。

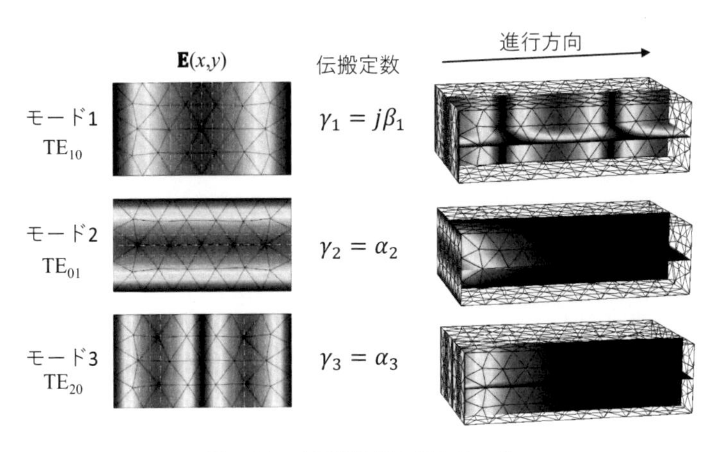

図 5.21 方形導波管の高次モード

この現象は，誘電率の高い媒質から低い媒質に平面波が入射するときに起こる平面波の全反射と同じ現象であり，染み込んだものの全反射してくる波を，エバネッセント波という。励振周波数を高くしていくと，各モードの断面内での分布形状は変わらないが伝搬定数 γ は変化していき，カットオフであった高次モードも順番に伝搬可能になっていく。実用上は，高次モードが伝搬せず，主モードのみ伝搬するような周波数範囲で用いる。

なお，導波管の中の材料に損失がある ($\sigma > 0$) としたら，図 5.22 のように，進行しながら指数関数的に減衰する波となる。

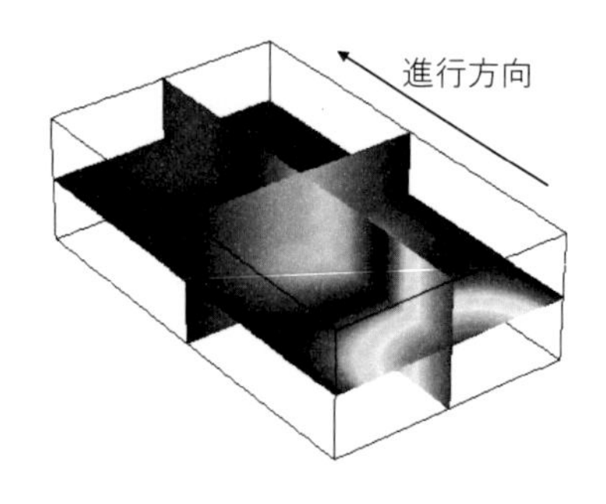

図 5.22　損失のある方形導波管中の電界分布

5.3　共振器解析

共振器解析では，波源で励振することなく，構造が与えられたときに，どの周波数の電磁波が共振するかを調べる。本節では，共振器解析の例として，厳密解が得られる直方体空洞共振器 [5] の解析を例に説明する。図 5.23 に，前節で用いた方形導波管を 100mm の長さで 2 つの電気壁で終端した構造の直方体空洞共振器を示す [6]。

COMSOL でも共振器解析が可能であり，1.3 節で説明したように，得られる結果は共振周波数と共振モードである。共振周波数は一般に複素数

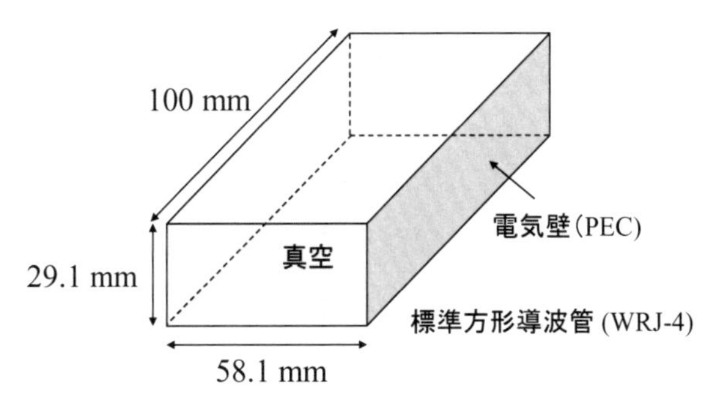

図 5.23 直方体空洞共振器

で求まり，複素共振周波数といわれる。複素共振周波数からは，式 (2.48) に従って，マイクロ波回路やアンテナ設計で用いられる Q 値が計算できる。COMSOL でも結果として複素共振周波数が得られ，対応する電磁界モードも出力される。

図 5.24 に，共振周波数を小さいほうから並べた共振モードと共振周波数を示す。上の共振周波数は厳密解であり，シミュレータの値も非常によく一致する。周囲導体に損失がある場合には厳密解は求まらないが，内部の媒質に損失がある場合は，厳密解の誘電率を複素誘電率にするだけで厳密解が求まる。その場合には共振周波数が複素数で得られ，式 (2.48) で Q 値を計算することができる。

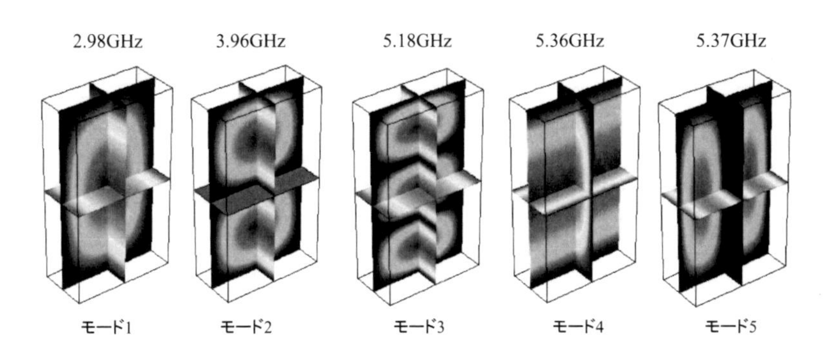

図 5.24 直方体空洞共振器

損失変化のパラメータである σ を変化させたときのモード１のＱ値の厳密解を表 5.1 に示す。シミュレータの結果もよく一致することを確認していただきたい。

表 5.1　損失がある直方体空洞共振器の Q 値の厳密解

σ (S/m)	Re[f_c] ($\times 10^9$)	Im[f_c] ($\times 10^9$)	Q
0	2.98	0.000	∞
0.0001	2.98	0.001	1660.0
0.001	2.98	0.009	166.0
0.01	2.98	0.090	16.6
0.1	2.85	0.899	1.58

参考文献

[1] 電子情報通信学会エレクトロニクスシミュレーション研究会
http://www.ieice.org/es/est/activities/canonical_problems/
[2] 本書の補足資料のウェブサイト
http://www.takuichi.net/book/em_fem/
[3] T. Hirano: Eigenmode Expansion Analysis with Domain Decomposition for Slotted Waveguide Arrays," Doctoral Dissertation, Tokyo Institute of Technology, 2008.
[4] J.A. Stratton: *Electromagnetic Theory*, Wiley-IEEE Press, 2006.
[5] 中島将光：『マイクロ波工学―基礎と原理』，森北出版，1975.
[6] 平野拓一，岡部 寛，大貫進一郎：共振器の固有値解析シミュレーション ～厳密解とシミュレーションの両方を理解する～，2017 Microwave Workshops & Exhibition (MWE 2017)，特別セッション TH4A，2017 年 11 月 30 日.

第6章

EMC対策のための電磁界シミュレーション

本章では，EMC 対策への電磁界シミュレータの応用法について説明する。

6.1　EMC について

電磁波は無線通信のみならず，レーダー，センシング，電力伝送，加熱などの目的に用いられ，応用範囲や分野も家庭内から社会にいたるまで幅広い。応用分野の例としては，携帯電話をはじめとした無線 LAN などを含む無線通信，ゲーム機やラジコンのリモコン，電子レンジによる食品加熱，自動車や家の非接触キー，自動ドアなどの人感センサ，ペースメーカーなどの医療機器，鉄道無線やダムや河川の監視などの社会インフラの維持管理，航空機のレーダーや電波による行路・離着陸のナビゲーション，ハイパーサーミアによる温熱療法など非常に多岐にわたる。

電磁波はこのように異なる目的で，多岐にわたる分野で応用されているので，互いに干渉しないように設計しなければならない。電磁両立性 (EMC; Electromagnetic Compatibility) は，機器間の意図しない干渉を無くすために生まれた概念である。EMC の評価は，機器が発してしまう妨害電波を規制する電磁妨害 (EMI; Electromagnetic Interference) と他の機器や外来ノイズに対しても機器が正しくの動作することを保証する電磁耐性 (EMS; Electromagnetic Susceptibility) の 2 つに分類できる。EMC 対策を行うということは，EMI，EMS の両方の対策を行うことを意味する。

製品を販売する，あるいはサービスを提供するためには必ず EMC 対策を行う必要があり，電気製品については経済産業省が所管する電気用品安全法，電磁波の人体への影響については総務省が所管する電波防護指針が策定され，電波法施行規則，無線設備規則など各種法令で規制されている。その他，医療機器や輸送機器なども，安全性を保障するために，法律によって EMC の観点からの規制項目が定められている。

6.2　不要放射の原因

第 1 章，第 2 章で説明したように，交流電流が流れると，微小ダイポールのように自然現象として電磁波が放射されてしまう。図 6.1 にアンテナと線路の違いの説明を示す。

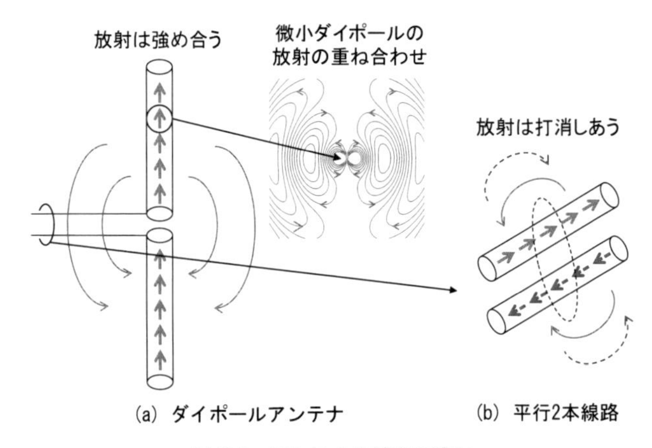

図 6.1 アンテナと線路の違い

アンテナは，線路に流れている電流が打ち消しあわず，逆に強め合って効率的に空間に放射されるように工夫した素子である。図 6.1(a) は基本的なダイポールアンテナの例である。電流は連続的に分布しているが，マクスウェルの方程式は線形なので，任意の波形が矩形パルス波形の和で近似できるように，任意の電流分布は微小ダイポールの電流を重ね合わせたものと考えることもできる。また，分解した微小ダイポールの電流が放射する電磁波は，互いに強め合うようになっている。

一方，線路は図 6.1(b) のように進行方向に進む電流と後退する電流がどの場所でもペアになっており，線路間隔が波長に比べて小さいと，放射は打ち消し合う。このように，すべての電流は放射する能力を持っており，放射させないためには特別の工夫が必要であると考えるのが，EMI の基本的な対策方針となる。

EMC 対策ではよくノーマルモード／コモンモードという言葉を耳にするが，ノーマルモード（ディファレンシャルモード）では図 6.2(a) に示すように電流がペアとなって流れるのに対し，コモンモードでは図 6.2(b) に示すように同相で流れてしまい，どこか遠いグランドなどで同量の電流が帰ってくるモードを意味している。

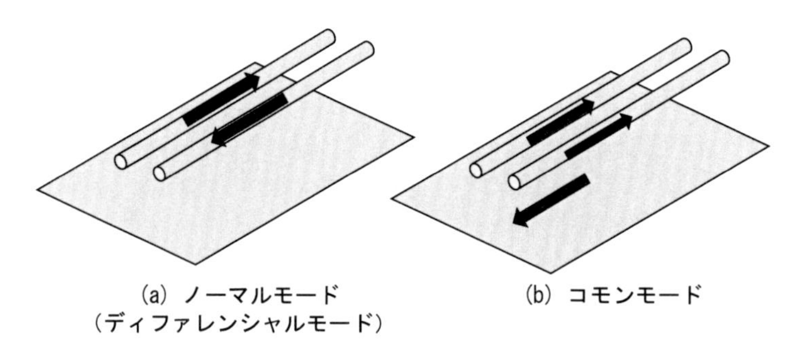

(a) ノーマルモード
（ディファレンシャルモード）

(b) コモンモード

図 6.2　ノーマルモードとコモンモード

図 6.1 で説明したように，外部への放射電磁界は当然図 6.2(a) のノーマルモードの方が少ない。コモンモードは多くの場合，コネクタなどの不連続部で意図せず発生したり[1]，IC の差動出力特性の不揃いなどによって発生したりする。コモンモードは，アンテナ素子として積極的に放射させる以外は悪い影響しかないので，さまざまな抑圧方法が考えられている。一番良いのは発生しないように設計することであるが，発生した場合に除去する方法の一つとして，図 6.3 に示すようなドーナツ形のフェライトコアがある。

フェライトは透磁率 μ が非常に大きな材料であり，磁界が入ると大きなインダクタンス値のインダクタとして機能する。図 6.3(a) はノーマルモードに対してフェライトコアを挿入した場合である。ノーマルモードでは進行方向に前進・後進する電流がペアになり，どの部分でも外部への電磁界の漏れが抑圧されているので，フェライトコアはインダクタとして働かない[2]。

それに対して，図 6.3(b) のコモンモードでは電流が同じ方向に流れると外部周方向に磁界が生じるため，フェライトコアの中を通すと，大きな

1　アンテナ工学では平衡・不平衡変換といわれる。

2　電磁界が何もないところには何を置いても影響がない。

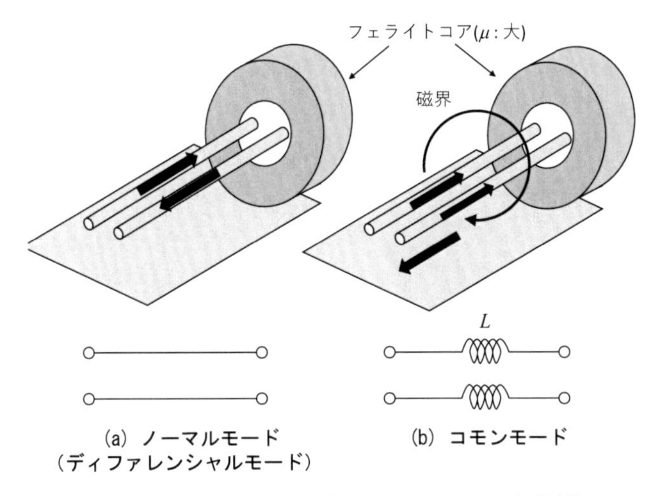

図 6.3 フェライトコアによるコモンモードノイズ対策

インダクタンス値のインダクタが直列に挿入された形になる。そのため，特に高周波成分はインピーダンス $j\omega L$ が大きいので，電流の流れが妨げられる。

このことからコモンモードを抑圧するためにケーブルの端にフェライトコアが挿入される場合がある。これは，機器の信号出力端子に対してはEMI 対策，信号入力端子に対しては EMS 対策となる。

EMI 対策を施した機器[3]は，必然的に EMS 性能も上がる[4]。この理由は，2.5.8 項で説明した可逆定理（相反定理）の性質である。2 つのポートの間の伝送特性は $S_{12} \neq S_{21}$ となる[5]ので，ポート 1 からポート 2 への結合を減らすと，必然的にポート 2 からポート 1 への結合も減ることになる。

EMC 対策は機器設計とは異なり，機器で用いる周波数だけで対策を行えばよいわけではない。デジタル回路や増幅器などを内蔵する機器は，意図しない周波数で不要放射している可能性もあり，また，意図しない周波

3　不要放射しないように設計した機器。

4　他からの不要放射やノイズの影響を受けにくい。

5　可逆定理が成り立たない磁化フェライトなどの材料や，アイソレータやサーキュレータなどの素子があると，一般には $S_{12} \neq S_{21}$ である。

数からの妨害で機器が誤動作することもある。したがって，広帯域な周波数範囲を考えて EMC 対策を立てなければならない。

さらに広い範囲では，落雷や静電気による瞬間的な高電圧や大電流[6]の静電気放電 (ESD; Electrostatic Discharge) 対策が必要な場合もある。ESD 対策には，保護ダイオード[7]を用いることが多い。サージ対策は落雷対策と同様に，局所的に溜まった電荷を素早く広い導体（電源グランド）に流す必要があり，静電気のシールドの知識が活用される。

ESD 対策および人体への影響は本書の範囲外であるため，他の文献を参照していただきたい。次節以降では，電磁波の不要放射対策のためのシミュレータの活用法について説明する。

6.3　不要放射の評価について

6.3.1　試験方法

機器が EMC 規格に適合しているかどうかをテストするには，図 6.4 に示すように EMI および EMS の試験を行う。EMI の試験では，機器からの不要放射を受信し，基準以下であることを確認する。EMS の試験では，外部電磁界曝露状況下でも機器が正常動作することを，試験サイトで確認する。

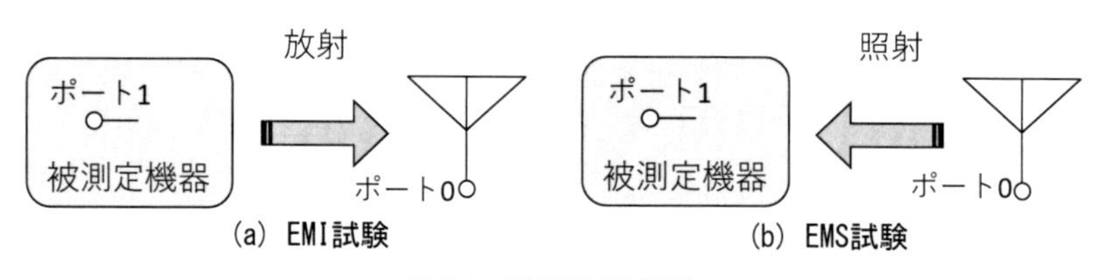

図 6.4　EMI/EMS 試験

6　サージという。

7　通常逆バイアスなのでオープンだが，あるい閾値電圧を超えるとオープンになり，電流が流れる。

EMI/EMS 試験は両方行われるが，すでに説明したように可逆性が成り立つ一般的な材料・回路に対しては，放射特性とそれを遠方界で受信した受信特性は等しくなる。図 6.4(a) に示すように，被測定機器内にポート 1 があり，測定用受信アンテナの出力端子をポート 0 とすると，$S_{10} = S_{01}$ が成り立つ。機器内のポートは 1 つではないかもしれないが，電磁界シミュレータを活用して確認する場合には，複数の仮想的な N 個のポートを機器内に設定してもよく，その場合は $S_{i0} = S_{0i} (i = 1, \ldots, N)$ となる。材料が可逆である場合は，S 行列のみならず，Z 行列，Y 行列も対称行列となる。

可逆性が成り立つ場合，EMI 試験用のシミュレーションができれば，自動的に EMS 試験の特性もわかることになるので都合がよい。そのため，以後は EMI 試験の電磁界シミュレーションに着目して説明する。なお，EMS のシミュレーションも行えるが，いろいろな方向から電磁波を照射した特性を計算するために，散乱断面積の計算と同じ手順となり，調べたい照射方向の分だけ入射波を変えてシミュレーションしなければならないので，時間がかかる。

また，ポートは，EMI 対策では放射が心配な箇所を励振する部分に設定し，EMS 対策では外部からの電磁波の影響を受けたくない端子に設定するとよい。

6.3.2　EMI/EMS 試験用のアンテナの特性モデル化

EMI/EMS 試験では，周波数帯や用途によっていくつか種類があるが，図 6.5 に示すようなアンテナ [1] が用いられる。EMI 試験の電磁界シミュレーションを行う際に，受信アンテナまでモデル化するのは効率が悪い。また，有限要素法解析では間の空間にもメッシュを切らなければならないので，計算負荷の大きさも無視できない。そこで，受信アンテナの特性（利得）を予め計算しておき，2.5.9 項で説明したフリスの伝達公式を用いると，送受信特性が簡単に計算できる。実際の EMI/EMS 試験では金属の床の上に置かれた木の机に被測定機器を置いて測定するので，完全に実験と一致するモデルをシミュレーションするのは難しいが，非常に有効な指標となる。

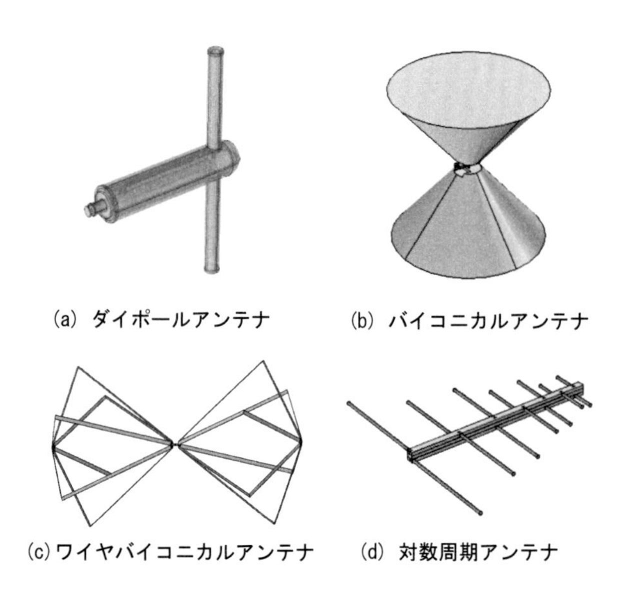

図 6.5　EMI/EMS 試験用のアンテナ [1]

6.3.3　シミュレータによる可逆性の確認

空間内に可逆な材料しか存在しないとき，必ず $S_{ij} = S_{ji}$ となることは，COMSOL で確かめることができる。

可逆性の確認

例として図 6.6 に 2 つのダイポールアンテナを示す。それぞれのダイポールアンテナは，4.2 節で解析したダイポールアンテナと同じ構造・モデル化である。このモデルは対称構造なので，当然ながら $S_{ij} = S_{ji}$ であるが，対称でない構造でも，可逆性を有する媒質ならば一般に $S_{ij} = S_{ji}$ となる[8]。このモデルの S パラメータを表 6.1 に示す。

8　片方のアンテナの長さを変えて試してみるとよい。

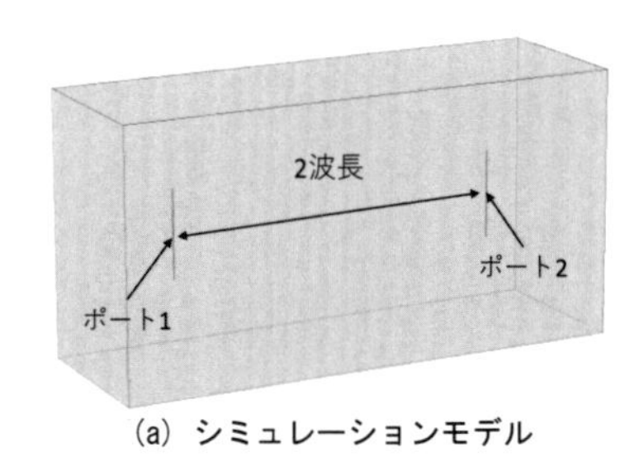

(a) シミュレーションモデル

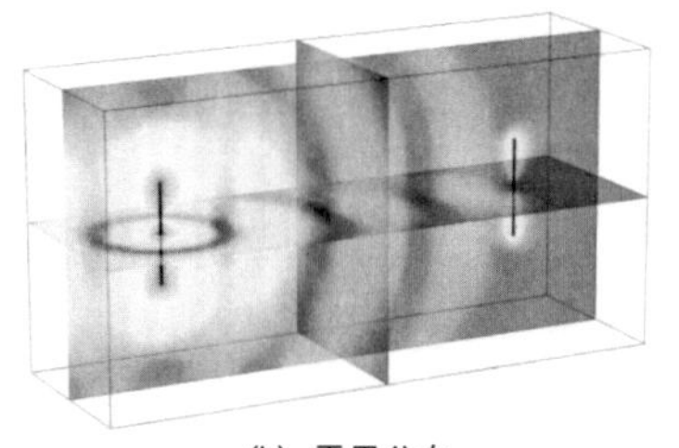

(b) 電界分布

図 6.6 2 つのダイポールアンテナ

表 6.1 2 つのダイポールアンテナの S パラメータ

	Real/Imaginary	dB/deg
$S_{11} = S_{22}$	$0.411 + j0.207$	-6.74 dB / 26.73°
$S_{21} = S_{12}$	$0.0166 + j0.0593$	-24.2 dB / 74.4°

フリスの伝達公式による受信電力の計算

4.2 節で解析した 1 つのダイポールアンテナの反射係数と利得がわかっている場合，2.5.9 項のフリスの伝達公式を用いて，図 6.6 に示す 2 つのダイポールアンテナの伝送電力を評価することができる。式 (2.44) に送受信アンテナの整合損失 $1 - |S_{11}|^2$，$1 - |S_{22}|^2$ を考慮すると，受信電力は次式で求めることができる。

$$P_r = G_t G_r \left(\frac{\lambda}{4\pi R} \right)^2 P_t (1 - |S_{11}|^2)(1 - |S_{22}|^2) \tag{6.1}$$

ここで，4.2 節の結果より $G_t = G_r = 1.68$，$S_{11} = 0.402 + j0.22 (= S_{22})$ を用い，$P_t = 1$ とすると[9]，$P_t = -25.5\text{dB}$ が得られる。この値は表 6.1 の S_{21} と非常によく一致しており[10]，受信アンテナの反射係数（整合特性）と利得がわかっていれば，フリスの伝達公式を用いて，受信アンテナの特性も考慮した受信電力を得ることができることを意味している。

9 表 6.1 の S_{21} と比較するため。

10 まだ差異があるが，シミュレーションで吸収境界条件などの近似があること，また，図 2.26 の遠方界条件を満たすギリギリの距離であること，さらに，アンテナ間隔が 2 波長ではまだ近く，定在波が生じていることなどの原因 [2] が考えられる。

平面波照射のシミュレーション

図 6.7 に，ダイポールアンテナに平面波を照射したシミュレーションを示す。ダイポールアンテナ中央には 50Ω の抵抗（集中定数素子）が設定されている。解析では周囲境界は吸収境界条件とし，3.3.3 項の散乱界表示を用いている。シミュレーションの結果得られた抵抗素子の電圧・電流・消費電力を表 6.2 に示す。

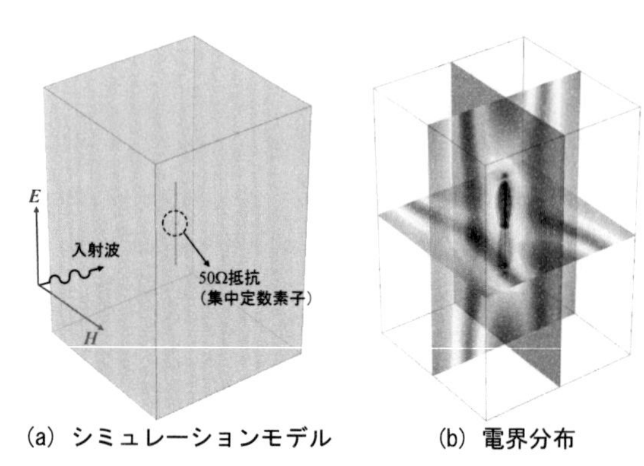

(a) シミュレーションモデル　　(b) 電界分布

図 6.7　ダイポールアンテナへの平面波照射 (電界強度 1 V/m)

表 6.2　ダイポールアンテナへの平面波照射の結果（電圧・電流・消費電力）

電圧 [V]	$0.0128 - j0.00680$
電流 [A]	$2.55 \times 10^{-4} - j1.40 \times 10^{-4}$
消費電力 [W]	2.09×10^{-6}

この消費電力は，アンテナの整合損失と利得がわかっていれば，解析せずとも次のように計算できる。

まず，平面波の電界強度は 1 V/m なので，電力密度 W_0 は式 (1.13) と 1.2 節で説明した平面波の性質 ($|\mathbf{E}|/|\mathbf{H}| = \eta_0 = \sqrt{\mu_0/\varepsilon_0} \simeq 120\pi$) より，

$$W_0 = \frac{|\mathbf{E}|^2}{2\eta_0} \tag{6.2}$$

で計算できる。次に，アンテナの反射係数 S_{11} と利得 $G = 1.68$ は 4.2 節のシミュレーションでわかっており，式 (2.43) で利得 G から実効面積 A_e を計算できるので，受信電力は整合損失 $(1 - |S_{11}|^2)$ を考慮して次のように計算できる。

$$P_r = W_0 A_e (1 - |S_{11}|^2) \tag{6.3}$$

実際に式 (6.3) で評価した値は 2.10×10^{-6}W となり，表 6.2 の値とよく一致している。

次に，抵抗素子に発生する電圧と電流を求めてみよう。フリスの伝達公式や本項での計算は位相を扱っていないので，表 6.2 のように位相成分を求めることはできず，振幅しか求まらないが，現実問題として知りたいのは振幅なので，問題ない。消費電力が P である場合，抵抗 R がわかっていれば，電圧 $|V|$，電流 $|I|$ と

$$P = \frac{R|I|^2}{2} = \frac{|V|^2}{2R} \tag{6.4}$$

の関係にあるので[11]，

$$\begin{cases} |V| = \sqrt{2RP} \\ |I| = \sqrt{2P/R} \end{cases} \tag{6.5}$$

で計算することができる。実際に値を代入すると，$|V| = 0.0144$V，$|I| = 0.000289$A となり，表 6.2 の値から計算した値も有効数字 3 桁は同じになる。

この結果から言えることは，EMS 試験を想定して，図 6.7 のような平面波照射によってどの端子にどれぐらいの電圧（あるいは電流）が発生するかをシミュレーションすることはできるが，この特性はその端子を励振したときの放射特性から容易に計算できるということである。

さらに，EMS 試験を想定した照射のシミュレーションは，さまざまな角度からの入射および偏波特性を調べなければならないので，ユーザーの入力作業およびシミュレータの計算負荷は非常に重い。これに対して，

11　2 で割っているのは，$|V|, |I|$ は尖頭値表現を用いているため。

4.2 節のシミュレーションのように，放射問題の解析では，1 つの端子からの影響を見たい場合は一度の解析で全方向・偏波の放射特性が求まるので，非常に効率が良い。

EMI 試験のシミュレーションでは，着目する端子[12]で励振したときの放射特性と受信アンテナの反射係数と利得がわかればよい。また，EMS 試験のシミュレーションでは，着目する端子[13]と送信アンテナの反射係数と利得がわかればよい。

6.4　EMC 対策のための電磁界シミュレータ活用例

前節では，EMI/EMS 試験をシミュレーションする方法について説明した。機器を設計する上で，考えもなく作り上げて，後から EMC 対策を立てるのでは，原因究明が困難である。また，効率も非常に悪い。本章では，問題となりうる箇所を局所的に，個別に設計していくためのシミュレータ活用手法について，いくつか例を挙げて説明する。

6.4.1　フェライトコアによるコモンモードノイズ対策

図 6.3 で，フェライトコアを用いるとコモンモードが抑圧できることを説明したが，これを電磁界シミュレーションで確認してみよう。

図 6.8 に，半径 $r = 0.5$mm，間隔 $d = 5$mm の平行 2 本線路をグランド板上 25mm の位置に置いたシミュレーションモデルを示す。グランド板を無視すると特性インピーダンスが計算でき（2.4.2 項参照），276 Ω となる。このモデルは差動励振なので 2 つの線路間に集中ポートを設定し，内部インピーダンスを 276 Ω とする。線路反対側にも受信を想定して同

12　回路シミュレータと連成させていないので，全動作をシミュレーションするのは現実的でない。そのため，このような着目端子の選び方が難しく，経験と知識が必要になるが，シミュレータを活用することで試行錯誤の回数は大幅に削減できるはずである。実際には，集中定数回路やチップ以外のパターン配置や構造の影響を調べるので，着目端子はチップや回路入出力端子を選ぶことになる。

13　受信を調べたいが，シミュレーションでは送信の問題を解く。

じポートを設定する。

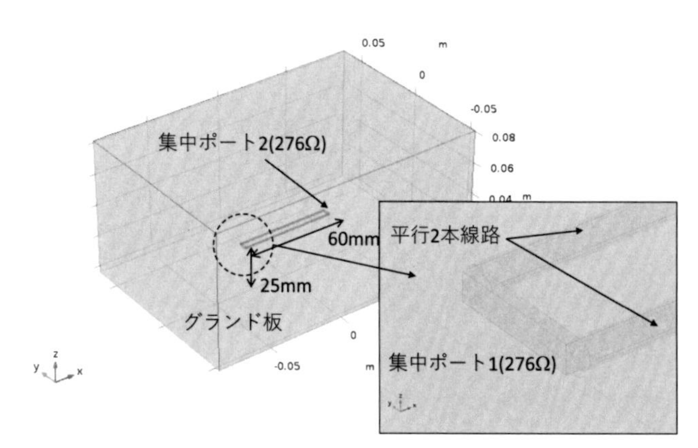

図 6.8 ノーマル（ディファレンシャル）モード励振のシミュレーションモデル

解析結果は図 6.9 となる。電磁界は 2 本の線路間に集中する平行 2 本線路のモードであることがわかり，伝送特性も良いことが確認できる。S パラメータから計算すると，入力電力の 7% が外部空間に放射されている。また，わずかではあるが外部に放射し，ポート 1 のみで励振したときの利得の指向性を図 6.9(b) に示す。利得の最大値は上方向で −13.3dB である。この利得の指向性がわかれば，6.3.3 項で説明したように，外部からの妨害波が来た時にどれだけ受信できるかも計算できる。

さて，図 6.3 で説明したように，ノーマルモードに対してはフェライトコアの影響はほとんどないはずである。このことをシミュレーションしたモデルと結果が図 6.10 である。フェライトコアは，典型的な製品の比透磁率 μ_r は 1,000 を軽く超えるが，シミュレーションではメッシュを細かく切らなければならず解析に時間がかかるので，$\mu_r = 100$ とした[14]。結果を見ると，S パラメータはフェライトコア装荷前と比べてほとんど変化がない。

14　効果を確認するのがここでの目的であるため。

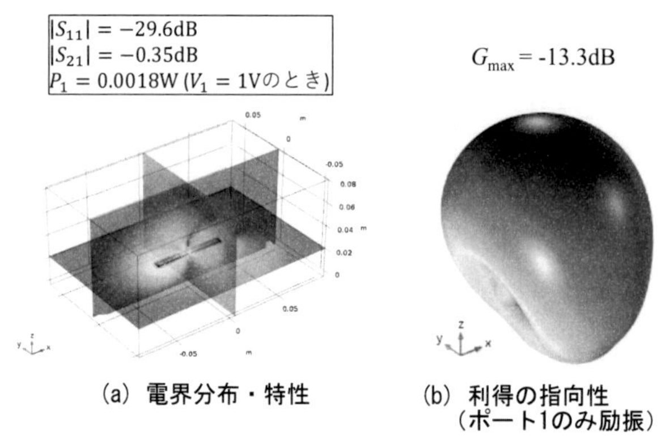

(a) 電界分布・特性　　(b) 利得の指向性（ポート1のみ励振）

図 6.9　ノーマルモード励振の特性

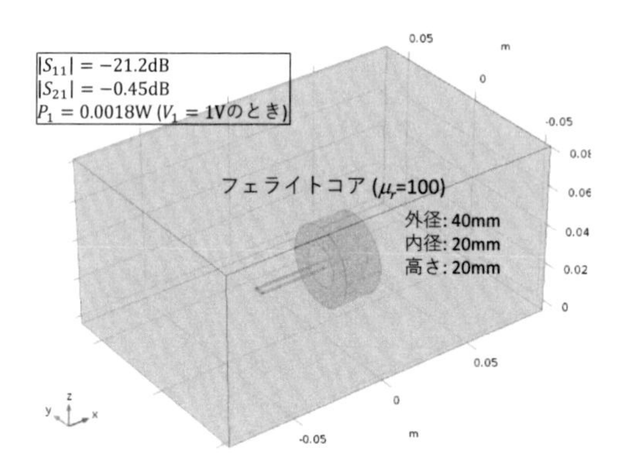

図 6.10　ノーマルモード励振の特性（フェライトコア装荷時）

次に，同様の検討をコモンモードに対して行った。コモンモードは，2本の線に同相に電流が流れ，どこか遠いグランドを通ってリターン電流が戻るというモードであり，図 6.11 のようにモデル化した。平行 2 本線路の両端は金属壁で短絡し，グランドと短絡部を集中ポートで励振した。このモデルも平行 2 本線路（半径 2.5mm，線路間隔 50mm）の半分の構造で近似でき，特性インピーダンスはその半分の 180Ω と設定した。あとはノーマルモードの解析と同じである。

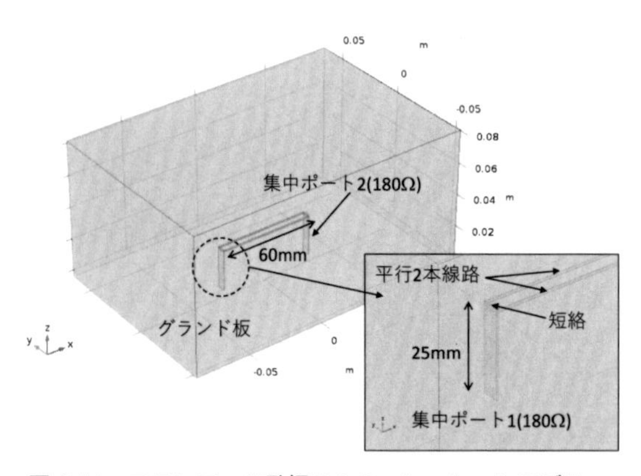

図 6.11 コモンモード励振のシミュレーションモデル

S パラメータから計算すると，入力電力の 67% は外部空間に放射されてしまっている。これはもはやアンテナと言ってもよいものである。放射特性の利得の最大値は上方向で 4.88dB となり，ノーマルモードに比べて約 20dB とはるかに大きいことがわかる[15]（図 6.12）。また，フェライトコアを装荷した場合は $|S_{21}|$ が –5.61dB から –18.7dB に大きく減り，反射が増えていて，フェライトコアがノーマルモードの進行を妨げているのが確認できる（図 6.13）。

15 グランドが波長に比べて遠い位置にあるとループアンテナになってしまうので，マイクロ波回路的な考えで設計しない場合でも，伝送信号の最高周波数を考慮し，グランドはその波長よりもずっと近くに配置しなければならない。

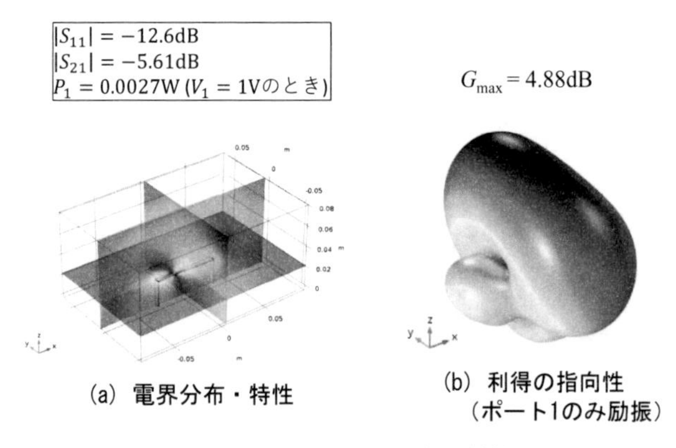

(a) 電界分布・特性

(b) 利得の指向性（ポート1のみ励振）

図 6.12　コモンモード励振の特性

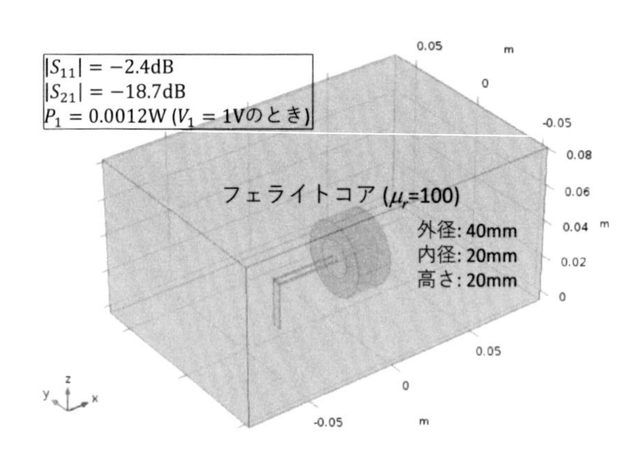

図 6.13　コモンモード励振の特性（フェライトコア装荷時）

6.4.2　マイクロストリップ線路コーナーの不要放射

電気回路では，導体の金属を接続すれば，空間への放射は考えなくてよい。これは，図 6.1 で説明したように，集中定数として扱える範囲では回路サイズに比べて波長が非常に長く，電流による放射は何も苦労せずとも打ち消すように流れるからである[16]。

16　逆に言うと，小型アンテナを作ることはいかに難しいかがわかる。

高周波，すなわち波長程度の大きさの線路を実現するときは，電磁界を閉じ込める[17]か，サイズをしっかり考えて放射が起きないような構造にしなければならない。高周波で用いるマイクロストリップ線路も，そのように工夫された線路である。線路を設計する際は，無限に長い直線の進行方向に沿ってずっと同じ断面構造を有すると仮定する。

直角コーナー

図 6.14 に，200 μm 厚，比誘電率 3.4 の誘電体基板にモデル化したマイクロストリップ線路直角コーナーのシミュレーションモデルを示す。ポートは，図 5.18 で説明したように 50Ω の集中ポートでモデル化している。下面はグランド板なので電気壁，それ以外の境界は吸収境界条件としている。シミュレーションでは材料損失は考慮していない。

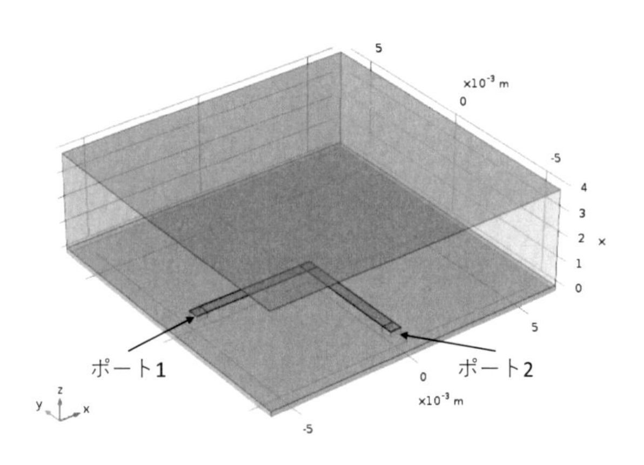

図 6.14　マイクロストリップ線路直角コーナーのシミュレーションモデル

図 6.15 に，周波数 30GHz におけるマイクロストリップ線路直角コーナーのグランド上の電界分布を示す。log スケールで描くと，小さな値が強調されて見え，コーナー部で基板中に電磁波が漏れている様子が見ら

17　導波管，同軸線路など。

れる。

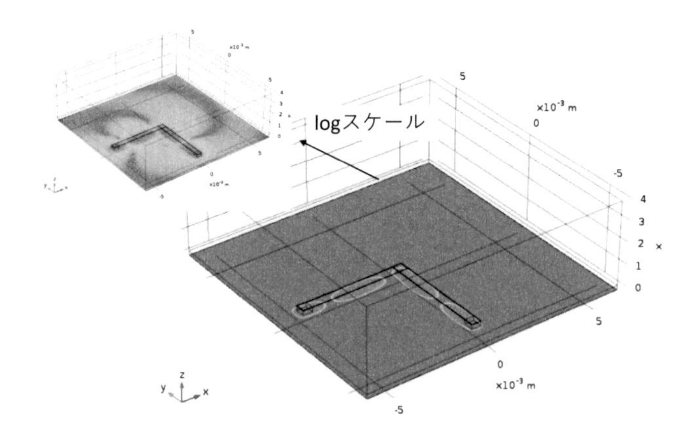

図 6.15　マイクロストリップ線路直角コーナーのグランド上の電界分布 (30GHz)

図 6.16 に，マイクロストリップ線路直角コーナーの S パラメータを示す。低周波では反射係数 S_{11} は小さく，透過係数 S_{21} が大きいので良好な伝送特性であるが，高周波になると特性が劣化していることがわかる。このように，線路は直線ならば良好な特性であるが，高周波ではコーナー（屈曲部）があると曲がりきれずに放射してしまうこと，また反射も生じる可能性があることに注意が必要である。

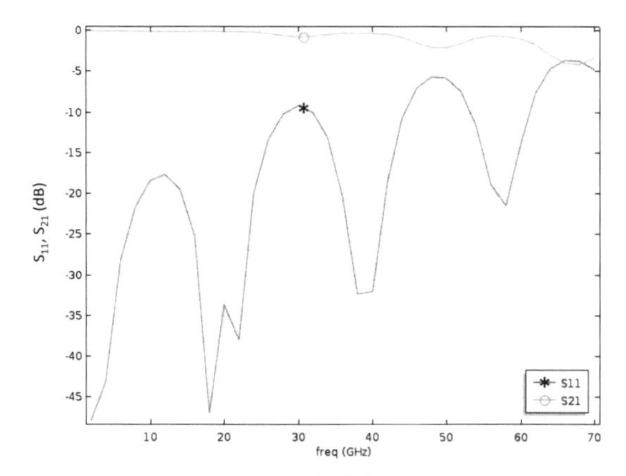

図 6.16 マイクロストリップ線路直角コーナーの S パラメータ

S パラメータの定義は $S_{ij} = b_i/a_j(a_k = 0(k \neq j))$ なので，ポート j に入射してポート i に出力される波[18]を表している。したがって，無損損失ならばポート j に入射した波の全電力はすべてのポートに出てくる電力の和に等しいので，ポート 1 から 1 W の電力 ($a_1 = 1$) を入射した場合の漏洩電力は，$1 - (|S_{11}|^2 + |S_{21}|^2)$ で計算できる。

例として，60GHz における漏洩電力を計算すると，入射エネルギーの 12.4% が漏洩している[19]ことがわかる。わずかな漏洩ならば良いと思うかもしれないが，EMC の観点からは，漏洩しているということは EMI 特性が悪化するということであり，可逆性を考えると外部からの影響も受けるので，EMS 特性も悪化することを意味する。

線路だけでもこのような漏洩があるので，局所的に問題を解決しておく必要がある。解決法としては，コーナー付近にビアを多数打って壁を作り，基板への漏洩を防いだり，次に説明するようにコーナー形状を工夫したりする。

18 係数の 2 乗は電力。

19 シミュレーションモデルで材料損失はモデル化していないため。

45° カットコーナー

図 6.17，図 6.18，図 6.19 に，それぞれマイクロストリップ線路 45° カットコーナーのシミュレーションモデル，電界分布 (30GHz)，S パラメータを示す。モデル化は，コーナー部以外は直角コーナーと同じである。COMSOL では図形をオーバーラップさせると，図形の重なり部を独立して選択できるようになることを利用している。

図 6.19 の S パラメータを見ると，直角コーナーの図 6.16 よりも高周波特性が良いことがわかる。このように形状を工夫することで，特性を改善することができる。

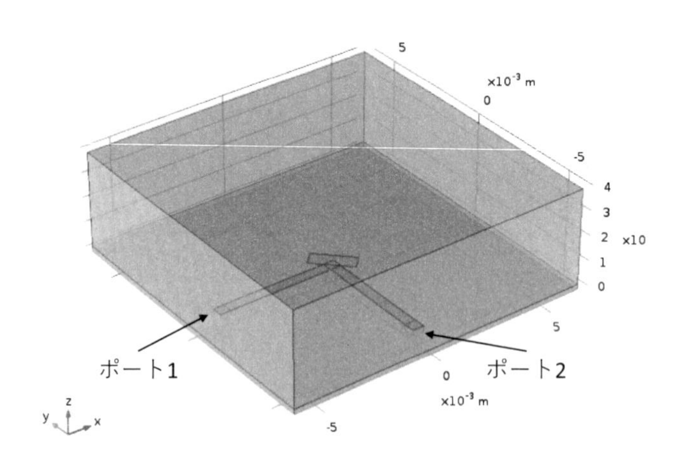

図 6.17　マイクロストリップ線路 45° カットコーナーのシミュレーションモデル

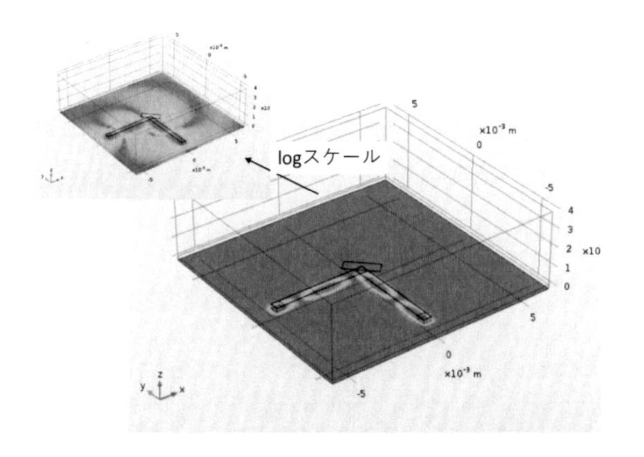

図 6.18　マイクロストリップ線路 45° カットコーナーのグランド上の電界分布 (30GHz)

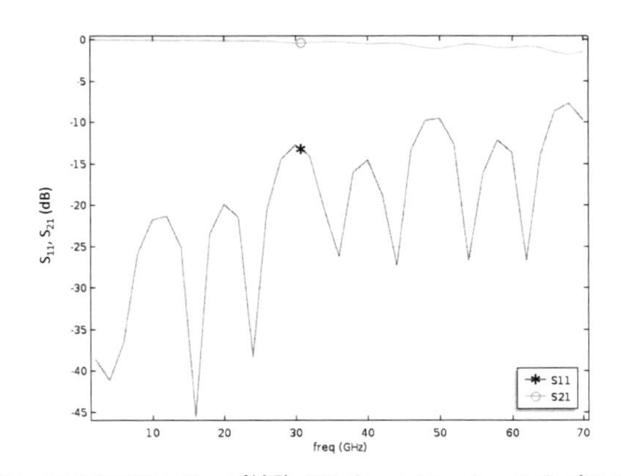

図 6.19　マイクロストリップ線路 45° カットコーナーの S パラメータ

円弧形コーナー

図 6.20，図 6.21，図 6.22 に，それぞれマイクロストリップ円弧形コーナーのシミュレーションモデル，電界分布 (30GHz)，S パラメータを示す。特性は 45° カットコーナーとほぼ同じであることがわかる。

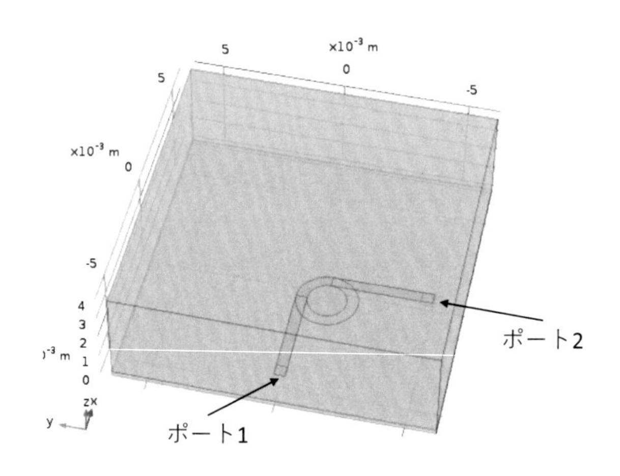

図 6.20　マイクロストリップ線路円弧形コーナーのシミュレーションモデル

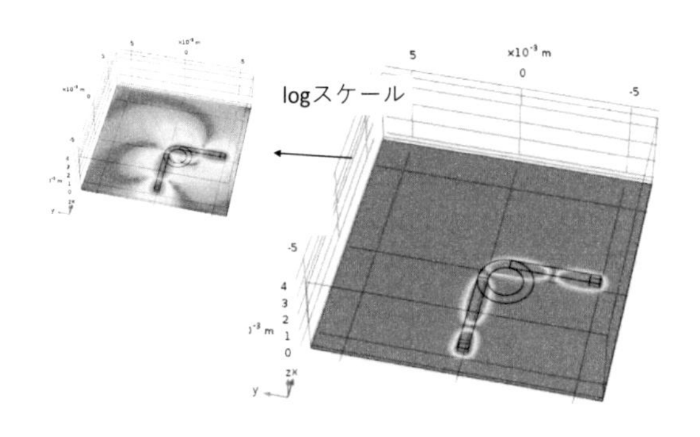

図 6.21　マイクロストリップ線路円弧形コーナーのグランド上の電界分布 (30GHz)

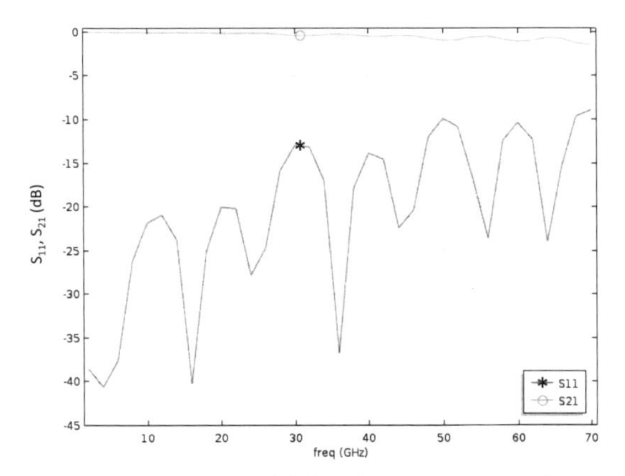

図 6.22 マイクロストリップ線路円弧形コーナーの S パラメータ

6.4.3 ツイストペア線の解析

図 6.23 にツイストペア線のシミュレーションモデルと電界分布を示す。両端は集中ポートで励振されている。ツイストペア線は放射しにくく，外部電磁波を拾いにくいので[20]，低周波でも電源線にツイストペア構造を用いる。また，インターネットで使われている LAN ケーブル内部には多数の線路あるが，互いにペアの線はツイストペア構造になっている。

ツイストペア構造にすると放射しにくいことについては，図 6.1(b) の線路の説明を思い出してほしい。また，互いにペアとなって流れる電流の打ち消し効果を，平行 2 本線路のように線路の進行方向だけでなく，周方向にも分散させているためと考えることもできる[21]。

ところで，ツイストペア線の特性インピーダンスはどうなるであろう。導波路モード解析は断面が進行方向の軸に沿って一様でなければならないので，この線路では使えない。一方，ツイストペア線のように進行方向に一様ではないが周期性を有する場合は，共振モード解析と周期境界条件を

20　可逆性より当然であるが。

21　低周波ではファラデーの法則で，線路ループを貫く磁束が少なく，また貫いても打ち消すためと説明しているが，それも間違いではない。

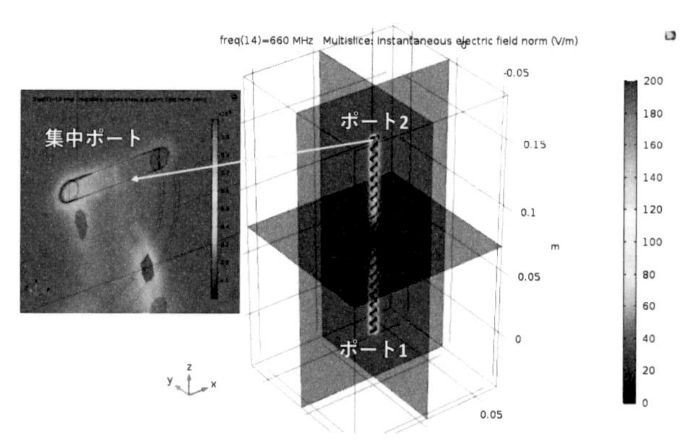

図 6.23　ツイストペア線（シミュレーションモデル，電界分布）

活用して導波路解析をすることができる[22]。ただし，そこまで厳密に解析しなくても，次のような方法で特性インピーダンスを見積もることができる。

図 6.24 は，ツイストペア線の S パラメータの周波数特性である。導波路内の波長程度になる範囲の周波数特性を調べると，ポート 1,2 の特性インピーダンスがツイストペア線の特性インピーダンスに等しくない場合，ポート部で反射が生じ，S_{21} の振幅は平坦な通過特性にならない。逆に，特性インピーダンスで整合されていると，反射波が生じないので平坦な通過特性が得られる。このように，集中ポートの内部インピーダンスを変えて，S_{21} の振幅が平坦になるような内部インピーダンスを探すと，それがツイストペア線の特性インピーダンスであることがわかる[23]。線路の長さが波長に比し短くない場合は，このように，特性インピーダンスを考慮して整合させなければならない[24]。

理論的に説明すると，図 6.25 のように，負荷 Z_L に位相定数 β[25]，特性

22　例えば，線路進行方向に周期的に小さな金属が配置された線路の解析例 [3] がある。

23　実際には，ある場所で同じ断面形状を持つ平行 2 本線路の特性インピーダンスに非常に近い。

24　逆に，線路の長さが波長に比べて短いならば，常に整合が取れてしまうのがわかる。それゆえ，低周波回路では線路の特性インピーダンス，整合という概念が不要なのである。

25　ここでは損失を無視する。

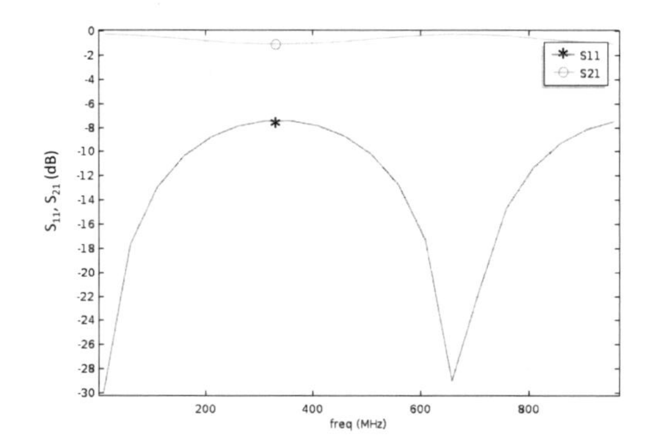

図 6.24 ツイストペア線（S パラメータ）

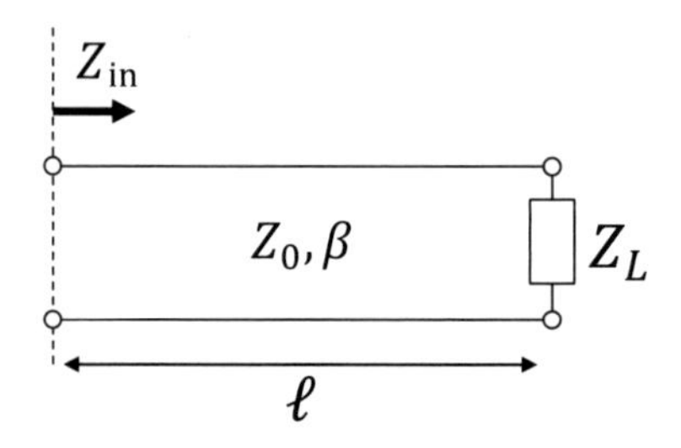

図 6.25 終端に負荷 Z_L が接続された線路

インピーダンス Z_0，長さ ℓ の線路を接続して線路を見込んだインピーダンスは，

$$Z_{\text{in}} = Z_L \frac{1 + j(Z_0/Z_L)\tan(\beta\ell)}{1 + j(Z_L/Z_0)\tan(\beta\ell)} \tag{6.6}$$

となり [4]，$\beta\ell \simeq 0$ のときは $Z_{\text{in}} \simeq Z_L$ が成り立つからである。注意すべきことは，$\beta\ell = n\pi$（n: 整数）となる周波数では整合が取れ，伝送特性はよくなることである。ある長さの線路のときは偶然特性がいい，というような使い方は避けるべきである。ツイストペア線の正確な位相定位数は平行 2 本線路と異なるが，図 6.24 の特性の周期性から $\beta(\varepsilon_{\text{eff}})$ を求めることもできる。

6.4.4　ボンディングワイヤのシミュレーション

図 6.26 に，ボンディングワイヤのシミュレーションモデルを示す。ボンディングワイヤは半導体チップをリードフレームあるいはパッケージに接続するための，金線による配線である。図ではチップのパッドとパッケージを想定した基板のパッドを 3 本のボンディングワイヤで接続している。

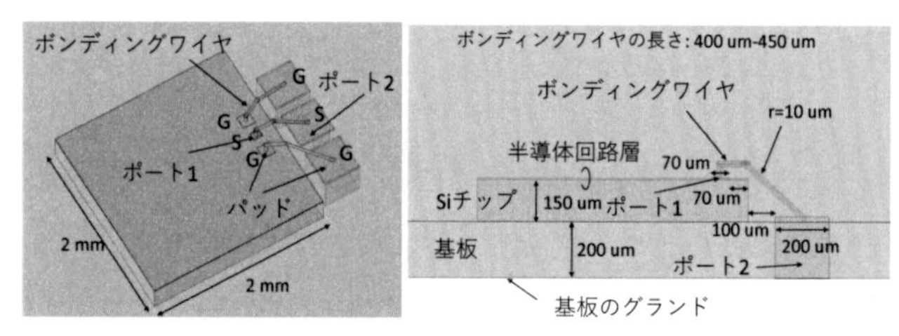

図 6.26　ボンディングワイヤのシミュレーションモデル

3 本のワイヤのうち，真ん中はシグナル (S)，両端はグランド (G) のための線である。通常，チップにも，基板にもマイクロストリップ線路あるいはコプレーナ線路が接続され，グランドはビアを介して下面のグランド板に接続されている。

また，シグナル (S) パッドと下面の間には集中ポートが設定され，励振されている。パッドの励振モデルはいくつかの方法が提案されているが，波長に比して小さい部分での励振なので，特に工夫を凝らさなくてもどれも同じような特性になることがわかっている [5,6]。

図 6.27 にボンディングワイヤ部分の S パラメータを示す。6.4.3 項で説明したように，ワイヤ長が波長に比べて短いとき，つまり周波数が低いときは良好な伝送特性となっているが，周波数が高くなると伝送特性は劣化する。この場合には 22GHz 付近で急激な特性の劣化が観測される。

図 6.28 に 1GHz および 22GHz の電界分布を示すが，22GHz では共振が起きて，基板側に電磁波が漏洩しているのがわかる。これが劣化の原因である。基板の金属層の間は広い平行平板になっており，ときに平行平板の共振は大きな問題となる。

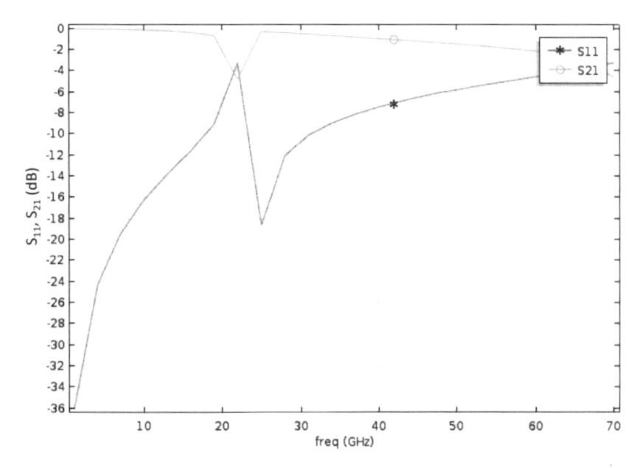

図 6.27　ボンディングワイヤの S パラメータ

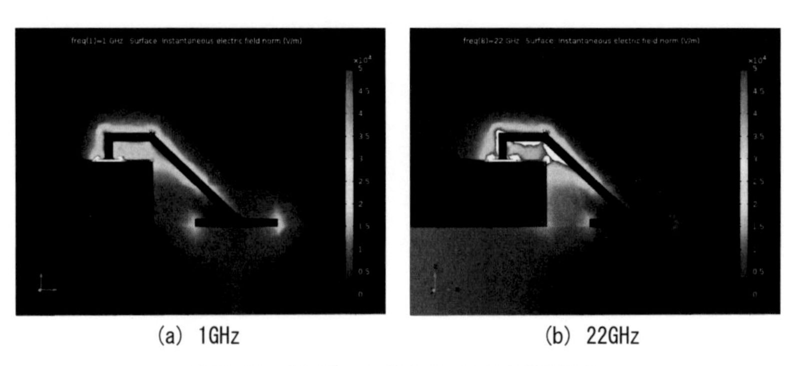

(a) 1GHz　　(b) 22GHz

図 6.28　ボンディングワイヤ付近の電界分布

ある周波数だけ非常に大きな性能劣化がある場合は，実験だけで原因を解明することは難しく，電磁界分布を確認できるシミュレータが絶大な威力を発揮する。なお，実際にこのような現象が起きてしまったときには，共振電磁界分布を消すように，電界の接線成分に沿ってビアを入れるなどして対策する。

デジタル信号の評価ではアイパターンを描いて評価することが一般的であるが，高周波アナログ回路では周波数特性で評価することが一般的である。時間波形と時間調和波形はフーリエ変換の関係で対応するので，図

6.27 のような S パラメータの周波数特性を調べた場合，伝送特性という意味では S_{21} の振幅は広帯域に平坦で，位相特性が線形に遅れる特性になっていれば，時間波形の歪みは生じない。しかし，図 6.27 の 22GHz 付近のように急激な変化がある場合は，波形の歪みが生じてしまうため，S パラメータの周波数特性で設計を行う場合は通過特性の振幅は平坦に，位相は線形遅延を目標にする。

6.4.5　金属シールド・電波吸収体の解析

EMI/EMS 対策を考えたとき，外部からの電磁波を遮蔽し，内部からも不要放射を外に出さないようにするために，金属で囲うことがある。しかし，金属で囲われた状況は，5.3 節で説明したような共振器であるため，内部でわずかに発生した電磁波が強め合って共振現象を引き起こし，特定の周波数で著しい特性劣化が生じることがある。

この問題を解決するために，内部に電波吸収体を貼ったり，共振モードの電磁界が強い部分に減衰用の媒質を装荷したりすることがある。例えば，微弱な電磁波を増幅するアンプは，微弱な信号を対象としているので，シールドすることが多い（図 6.29）。しかし，金属で閉じると内部では共振が生じるので，電波吸収体を装荷するなど，何らかの工夫をしなければならない。

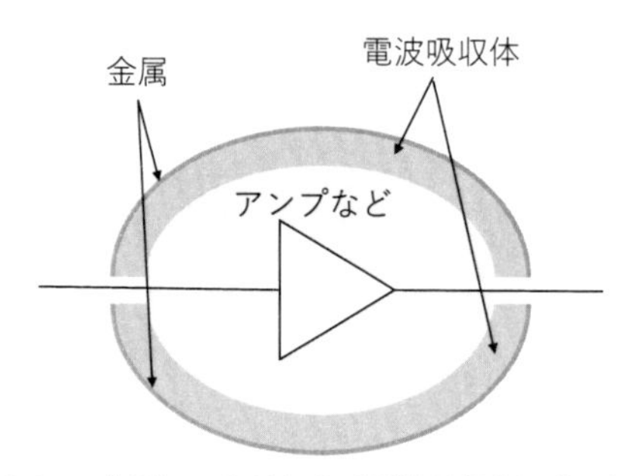

図 6.29　金属シールドおよび電波吸収体による遮蔽

金属シールドケースの共振周波数だけを調べたいときは，5.3 節のように共振器解析を行えばよい。また，励振条件が決まっている場合は励振問題を解いて，S_{11} が急激に大きくなる周波数を調べる方法もある。

電波吸収体をシミュレータでモデル化する場合は，材料特性がわからないことが多く，わかっても複雑で入力に手間がかかるため，真空の波動インピーダンスを有する表面インピーダンス（3.3 節参照）を用いて模擬すると効率がよい。

図 6.30(a) は 4.2 節で説明したダイポールアンテナの解析モデルに，半球状の表面インピーダンスを加えたものである。COMSOL では表面インピーダンスは境界にしか設定できないため，薄い半球状の球殻を描き，解析空間から図形の論理演算で切り抜いてできた壁[26]に表面インピーダンスを設定するとよい。

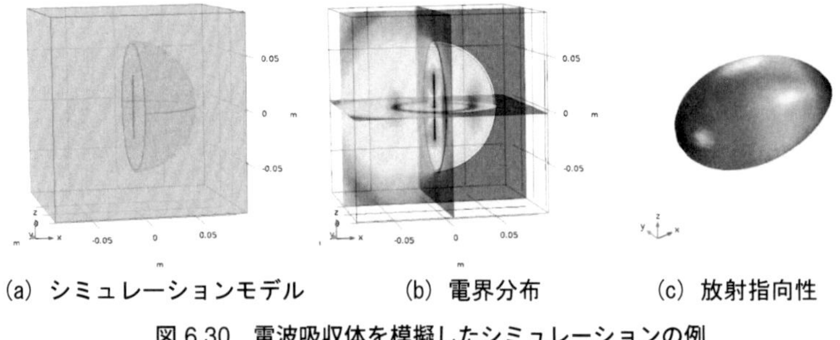

(a) シミュレーションモデル　(b) 電界分布　(c) 放射指向性

図 6.30 電波吸収体を模擬したシミュレーションの例

図 6.30(b)(c) に，それぞれ電界分布，利得の指向性を示す。インピーダンス境界で電磁波が吸収されているのがわかる。また，どの程度吸収されたかを定量的に計算するには，ポートの入力電力から，ポインティングベクトルで計算した周囲境界から外に出ていく放射電力（4.2 節参照）を引けばよい。

EMC 試験やアンテナの特性測定の際には，電波暗室とよばれる，外部からの電磁波を遮断し，内部で発生した電磁波を壁で吸収し，かつ外部へ

26　切り抜かれた薄い半球球殻は解析の外部空間なので，境界になる。

の放射を防ぐような，外部と電磁的に隔離された測定室が使われる。構造は図 6.31 に示すように，外壁を金属[27]で囲み内壁には電波を吸収する電波吸収体で覆っている。

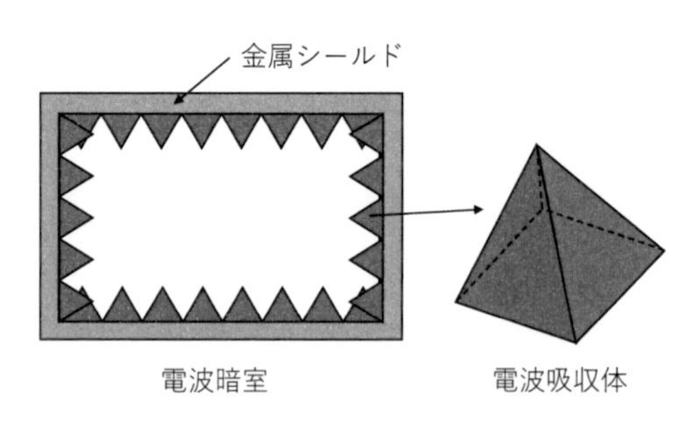

図 6.31　電波暗室（シールドと吸収体）

電波吸収体は図 6.31 のようにピラミッド形のものが多使われており，炭素粉末を混ぜた材料で照射された電磁波を熱に変換する。ピラミッド形するのは，照射した平面波を照射方向以外に乱反射させ，他の電波吸収体で再度吸収させて吸収効率を高めるためである。しかし，最近は維持管理コスト向上のために，平面型のものも多く使われている。

6.5　シグナルインテグリティ／パワーインテグリティのための電磁界シミュレータ活用例

シグナルインテグリティ (SI; Signal Integrity) は，高速信号を扱うデバイスの信号品質を維持し，かつ外部からの妨害波の影響を受けないように設計する概念である。また，パワーインテグリティ (PI; Power Integrity) は電源ラインの電源電圧の品質を扱う際の設計概念である。EMC が不要放射・妨害に着目するのに対し，SI は信号品質，PI は電源

27　普通は，静電界のみならず静磁界も遮断したいので，μ の大きな鉄などを用いる。

品質に着目した概念であるが，SI, PI 品質が悪いということは不要放射がどこかで発生している，あるいは外部からの妨害波を受けてしまうということを意味し，EMC と並行して議論されることが多い。本節では，SI, PI の観点から電磁界シミュレータを活用する例を紹介する。

6.5.1 線路間の結合

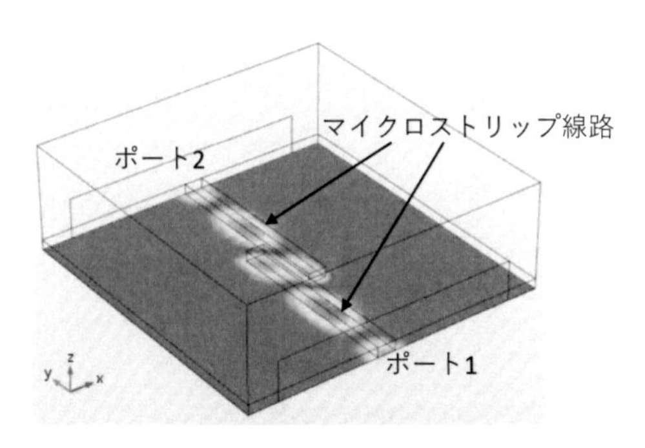

図 6.32 線路間の結合

図 6.32 に，2 つの導波路ポートで励振した，離れたマイクロストリップ線路間の結合の様子を示す。直流ならば，金属導体が離れているので完全に分離されているが，高周波では広がった電磁界によって結合する現象[28]が起きる。マイクロ波分野では結合線路と呼ばれフィルタの素子として，あるいはバイアス用の直流 (DC) カット素子[29]として積極的に利用される場合もあるが，回路基板の集積度を上げていき，線路間の距離を近づけると，意図せず結合してしまう場合もある。

回路シミュレータではどの程度の結合が起きるか計算することはできないが，電磁界シミュレータではこのような見積もりが可能となる。どの程度までマイクロストリップ線路を近づけても安全なのか，そして，結合さ

28 クロストークともいう。

29 もう少し低周波の回路では，交流に着目すると，交流のみを通すのでカップリングコンデンサあるいは結合容量といわれる。

せたくない場合には間にスルーホールで壁を作ることは有効なのかなど，いろいろな構造や解決策を検討することができる。

6.5.2　電源線路のためのデカップリングコンデンサの設計

電源[30]用の線路は高周波用ではないため，普通に導体で接続するのは難しい。図 6.33 に直流 (DC; Direct Current) 電圧源の等価回路を示す。内部インピーダンス Z_g を有するので，外部回路を接続して電流 I を流すと，出力端子の電圧（外部回路の電圧）は $V_0 - Z_g I$ となって，電圧が落ちてしまう。直流電圧源としては $Z_g = 0$ のものが望ましいが，現実には理想的な電圧源はないので，スイッチングレギュレータを使用したり[31]，デカップリングコンデンサ[32]を入れたりして工夫する。

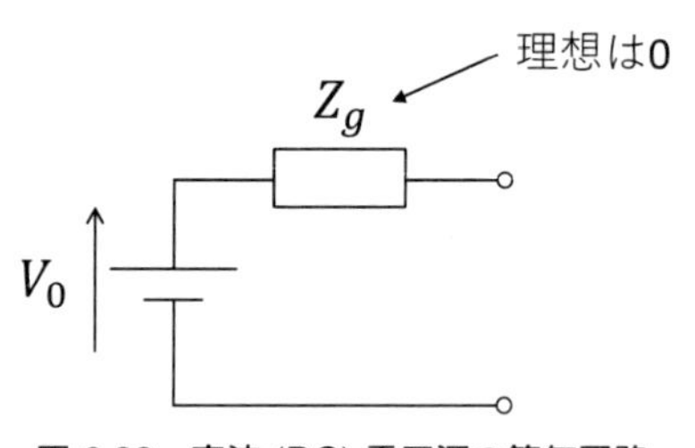

図 6.33　直流 (DC) 電圧源の等価回路

図 6.34 に電源線路の交流ノイズ評価のための電磁界シミュレーションモデルを示す。IC などの電源端子部分を想定し，集中ポートでモデル化している。また，通常は長さのある配線を用いて直流電源から接続するので，それをグランド上の長さ 18 mm の 1 本の配線[33]でモデル化した。

直流電源（電圧源）は理想的な内部インピーダンス 0 の電圧源と仮定

30　または直流バイアス。

31　これはまたノイズの問題が生じるので対策は必要となる。

32　平滑コンデンサともいう。

33　6.4.2 項のマイクロストリップ線路と同じパラメータを用いたが，必ずしもそうである必要はない。またグランドが下にあるとも限らない。

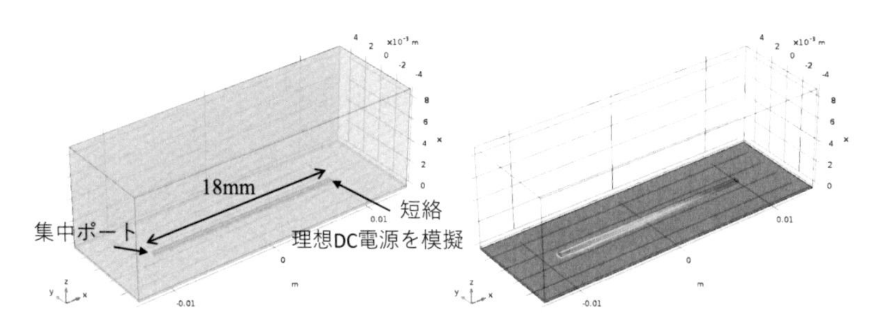

(a) シミュレーションモデル　　(b) 電界分布（2GHz）

図 6.34　電源線路の交流ノイズのシミュレーションモデル

し，電源端子は短絡している[34]。電圧源は理想的なものを用い，配線も無損失で接続しているが，これでも完璧ではない。なぜなら，線路が波長に比べて無視できない長さになると，式 (6.6) において $Z_L = 0$ の場合なので，

$$Z_{in} = jZ_0 \tan(\beta\ell) \qquad (6.7)$$

となるからである。無損失ではあるが，線路の長さ ℓ が増えるとしだいに誘導性[35]になる。さらに長くしていくと，tan 関数なので今度は容量性となり，$Z_{\rm in} = 0$ となって，また誘導性となる[36]。COMSOL で解析した入力インピーダンスのシミュレーション結果を図 6.35 に示す。式 (6.7) の理論どおり，虚部は tan の関数形状になっている。

このように波長に比べて長い線路の場合，線路に交流電流が流れると[37]IC 端子での電源電圧が変動してしまう。さらに，電源電圧は他の IC などにも接続されているので，それらの電源電圧も変動させてしまう。言い換えると，ある IC で発生したノイズが電源線路を介して他の IC に伝搬してしまうのである。

34　今は受動素子である配線部の交流の解析を行うからである。

35　コイルのような状態。

36　これが繰り返される。

37　アンプなどでは，消費電流が増幅率で変わる。また IC でもトランジスタの状態変化などで変動するので，必然的に交流成分は発生する。

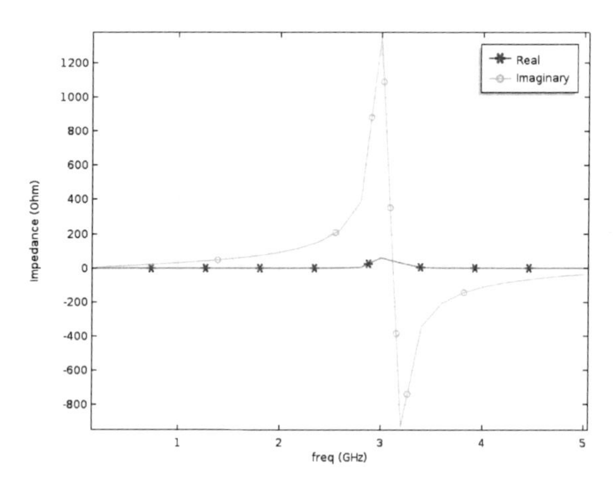

図 6.35　電源線路の負荷側端子から電源側を見たインピーダンス

この問題を解決するために，デカップリングコンデンサが用いられる。デカップリングコンデンサは図 6.36 のように，IC 端子（集中ポート）付近，つまり考慮しているノイズの周波数の波長より短い距離におかれ，電源線とグランドの間を接続する。コンデンサには電荷を蓄える働きがあるので，電流が流れて電荷が減ったときに，すぐに補うことができる。

また，別の観点から説明すると，交流電流が流れたときのインピーダンスは $1/(j\omega C)$ と小さいので，高周波をすぐにその場でショートさせるようにグランドに素通りさせ，その先の電源線路への伝搬を防ぐ[38]のである。例として，150 pF のコンデンサ（集中素子）を設定してシミュレーションした結果を，図 6.37 に示す。インピーダンスは図 6.35 に比べて大きく減少していることがわかる。

38　その意味でデカップリングである。

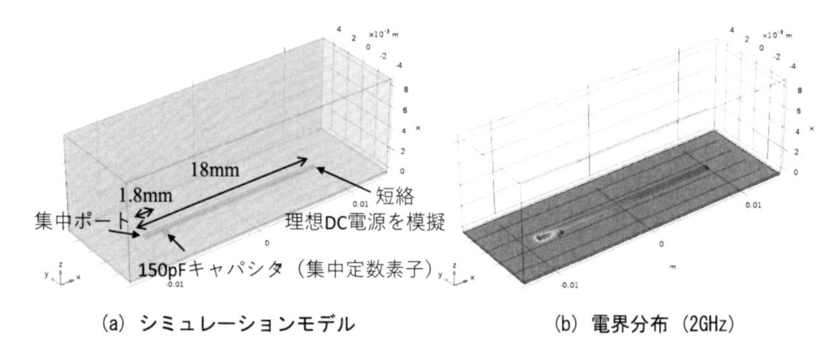

(a) シミュレーションモデル　　(b) 電界分布（2GHz）

図 6.36　電源線路の交流ノイズのシミュレーションモデル（デカップリングコンデンサ装荷時）

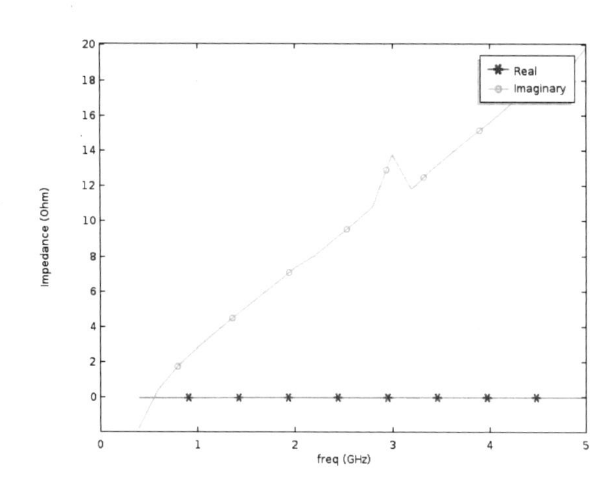

図 6.37　電源線路の負荷側端子から電源側を見たインピーダンス（デカップリングコンデンサ装荷時）

実際に基板を設計する際には電源線の形は複雑になり，どこにどのような容量のデカップリングコンデンサを置けばよいか定量的に判断するのは難しい。ここでは簡単な構造で説明したが，汎用電磁界シミュレータを用いれば，一般の構造に対して定量的に見積もることは容易であり，うまく活用すれば設計および製品化のコスト削減に大きな力を発揮してくれるであろう。

また最近では，2.7 節で説明した EBG 構造を基板に組み込み，基板自体をフィルタにして不要信号の伝搬を抑止する技術も提案されている。電源線の寄生成分以外にも，チップ内部の FET などの集中定数素子の周囲パターンの寄生成分抽出などに活用できる [7]。

6.6　まとめ

EMC 対策は非常に広範囲なので，本章の例題で紹介したシミュレーションは一部でしかない。しかし，基本的に基礎方程式はマクスウェルの方程式にさかのぼり，その現象を扱っているにすぎない。したがって，できるだけ電磁界の性質を本質的に理解し，応用力を身に付けるのが一番であると思う。そのために，シミュレータは力強いツールとなることは確かである。

図 6.38 に PC のマザーボードを想定した EMC 対策を行う場合の例を示すが，これは本章で説明した内容を応用すれば，かなり多くの対策方法を思いつくのではないだろうか。

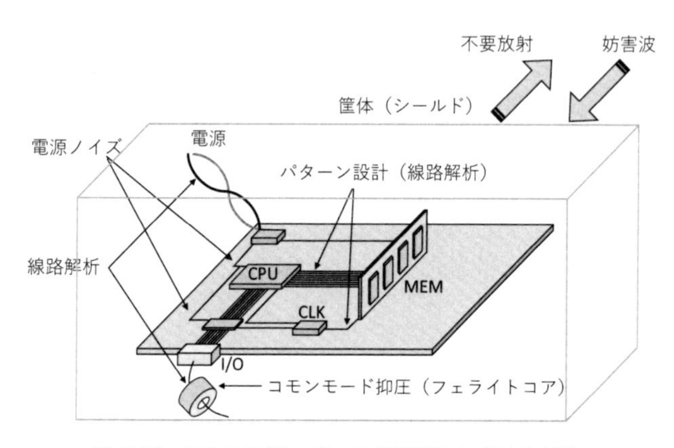

図 6.38　PC のマザーボードを想定した EMC 対策

製品化するにはコストを下げ，集積度を上げなければならない。高周波のクロック波形は非常に高い周波数成分を含むので，無線通信回路と同じ設計方針が必要である。低周波の直流あるいは交流回路のように基板パターンを設計して，後から問題対策をしていく方法では非常に多くの時間と費用がかかる。結果として，基板の一部，例えばクロック信号用の配線や高速データの信号線を高周波マイクロ波回路のように扱って，マイクロストリップ線路などで設計し，電磁界シミュレーションによって特性確認をし，局所的に問題を解決しながら設計を進めるのが近道であると考えられる。

参考文献

[1] COMSOL Multiphysics アプリケーションギャラリ
https://www.comsol.jp/models
[2] T. Hirano, J. Hirokawa, M. Ando: Errors in Shortened Far-Field Gain Measurement Due to Mutual Coupling, *IEEE Trans. Antennas Propag.*, Vol.62, No.10, pp.5386-5388, Oct. 2014.
[3] Y. Ono, T. Hirano, K. Okada, J. Hirokawa, and M. Ando: Eigenmode Analysis of Propagation Constant for a Microstrip Line with Dummy Fills on a Si CMOS Substrate, *IEICE Trans. Electron.*, Vol.E94-C No.6, pp.1008-1015, 2011.
[4]『アンテナ・無線ハンドブック』，I 編-3 章，オーム社, pp.17-41，2006.
[5] T. Hirano, K. Okada, J. Hirokawa, and M. Ando: Accuracy Investigation of De-embedding Techniques Based on Electromagnetic Simulation for Onwafer RF Measurements, *InTech Open Access Book, Numerical Simulation - From Theory to Industry*, Chapter 11, pp.233-258, 2012.
[6]『高周波対応部材の開発動向と 5G，ミリ波レーダーへの応用』，第 4 節:ミリ波帯シリコン CMOS 回路の電磁界解析, 技術情報協会，2019.
[7] T. Hirano *et al.*: De-Embedding Method Using an Electromagnetic Simulator for Characterization of Transistors in the Millimeter-Wave Band, *IEEE Trans. Microw. Theory Tech.*, Vol.58, No.10, pp.2663-2672, 2010.

付録A

有限要素法の理論の補足

本付録では，興味ある読者のために有限要素法の理論の補足説明をする。

A.1 ノードベース有限要素法のスプリアス解の発生要因

ここでは，ノード（節点）ベース有限要素法のスプリアス解の発生要因について説明する [1]。ノードベース有限要素法では，内部の電界はスカラー場 ϕ を用いて

$$\mathbf{E} = -\nabla\phi \tag{A.1}$$

と表現する。静電界の場合はスカラーポテンシャルのみによって記述することができるが，一般の場合にはベクトルポテンシャルも必要になるので，式 (A.1) ではマクスウェル方程式を満たす $\mathbf{E}$ を記述することができない。

このことは，式 (A.1) の両辺の回転を取るとベクトル公式から $\nabla \times \mathbf{E} = -\nabla \times (\nabla\phi) = 0$ となり，式 (1.7) のファラデーの法則と矛盾することからもわかる[1]。したがって，この問題を解決するためには回転が 0 ではない基底関数が必要になり，エッジベース有限要素法の基底関数は，幸運にもその条件を満たすことができた[2]。

また，スプリアス解の原因を，回転演算子の零空間から説明している文献もある [2,3]。概略を説明すると，波源なし ($\mathbf{i} = 0$) の場合に式 (A.1) を式 (1.9) に代入すると

$$k_0{}^2\nabla\phi = 0 \tag{A.2}$$

となる。式 (A.2) は「$k_0 = 0$ または $\nabla\phi = 0$」を意味する。例として，図 3.1 の方形導波管の周囲境界で $\phi = 0$ とした場合，その解は無数にある。すなわち，断面内部に総量が 0 の電荷を適切に配置すると周囲境界で $\phi = 0$ となり，それらの界 $\mathbf{E} = -\nabla\phi$ は $k_0 = 0$ に縮退する。

固有値問題の解法は離散化した上で数値計算を行うので，通常は完全な

1　幸運にも，静電界や導波路問題の TEM 波解析の場合には $\nabla \times \mathbf{E} = 0$ なので，記述可能である。

2　ベクトル解析のヘルムホルツの定理。

0 とはならず，k_0 が大きな値になってしまう場合[3]があり [2,4]，そのときにスプリアス解が発生する。

A.2　式 (3.2) の導出

$$\langle \mathbf{R}, \mathbf{W} \rangle = \iiint_V \mathbf{W} \cdot \left[\nabla \times \left(\frac{\nabla \times \mathbf{E}}{\mu_r} \right) - {k_0}^2 \varepsilon_r \mathbf{E} + jk_0 \eta_0 \mathbf{i} \right] dV \tag{A.3}$$

ベクトル公式 $\mathbf{A} \cdot (\nabla \times \mathbf{B}) = (\nabla \times \mathbf{A}) \cdot \mathbf{B} - \nabla \cdot (\mathbf{A} \times \mathbf{B})$ を用いて上式を変形する。

$$\begin{aligned} \langle \mathbf{R}, \mathbf{W} \rangle = \iiint_V \Bigg[& (\nabla \times \mathbf{W}) \cdot \left(\frac{\nabla \times \mathbf{E}}{\mu_r} \right) - \nabla \cdot \left\{ \mathbf{W} \times \left(\frac{\nabla \times \mathbf{E}}{\mu_r} \right) \right\} \\ & - {k_0}^2 \varepsilon_r \mathbf{W} \cdot \mathbf{E} + jk_0 \eta_0 \mathbf{W} \cdot \mathbf{i} \Bigg] dV \end{aligned} \tag{A.4}$$

ここで，第 2 項目の体積積分をガウスの定理 $\iiint_V \nabla \cdot \mathbf{A} dV = \oint\!\!\oint_S \mathbf{A} \cdot d\mathbf{S}$ を用いて変形する。

$$\iiint_V \nabla \cdot \left\{ \mathbf{W} \times \left(\frac{\nabla \times \mathbf{E}}{\mu_r} \right) \right\} dV = \oint\!\!\oint_S \mathbf{W} \times \left(\frac{\nabla \times \mathbf{E}}{\mu_r} \right) \cdot d\mathbf{S} \tag{A.5}$$

$d\mathbf{S} = \hat{n} dS$ を用いると，

$$= \oint\!\!\oint_S \left\{ \mathbf{W} \times \left(\frac{\nabla \times \mathbf{E}}{\mu_r} \right) \right\} \cdot \hat{n} dS = \oint\!\!\oint_S \hat{n} \cdot \left\{ \mathbf{W} \times \left(\frac{\nabla \times \mathbf{E}}{\mu_r} \right) \right\} dS \tag{A.6}$$

となる。また，ベクトル公式 $\mathbf{A} \cdot (\mathbf{B} \times \mathbf{C}) = \mathbf{B} \cdot (\mathbf{C} \times \mathbf{A}) = \mathbf{C} \cdot (\mathbf{A} \times \mathbf{B})$ を用いると，

$$= \oint\!\!\oint_S \mathbf{W} \cdot \left\{ \left(\frac{\nabla \times \mathbf{E}}{\mu_r} \right) \times \hat{n} \right\} dS \tag{A.7}$$

3　数値解析において $\nabla\phi = 0$ となる場合。

または,

$$= \oiint_S \left(\frac{\nabla \times \mathbf{E}}{\mu_r} \right) \cdot (\hat{n} \times \mathbf{W})\, dS \tag{A.8}$$

と変形できる。

A.3　導波路モード励振の定式化

導波路から $+z$ 方向にモード u を入射させる場合，ポート上の電界は式 (2.30) を用いて次のように表現される。

$$\mathbf{E} = \mathbf{E}_u^{(+)} + \sum_{v=1}^{N_{\mathrm{mode}}} B_v \mathbf{E}_v^{(-)} = \mathbf{e}_u e^{-\gamma_u z} + \sum_{v=1}^{N_{\mathrm{mode}}} B_v \mathbf{e}_v e^{+\gamma_v z} \tag{A.9}$$

ここで，B_v は未知の反射波のモード v[4]の重み係数であり，これを有限要素法の未知数として解くことになる。

ところで，規格化モード関数は次の性質がある。

$$\iint_S (\mathbf{E}_u \times \mathbf{H}_v) \cdot d\mathbf{S} = -\frac{1}{j\omega\mu_0} \iint_S \mathbf{E}_u \times \frac{\nabla \times \mathbf{E}_v}{\mu_r} \cdot d\mathbf{S} = \delta_{uv} \tag{A.10}$$

この式は，式 (3.2) の面積分の項と同じ形をしており，導波路モード励振も境界で行うものなので，式 (3.2) の面積分の導波路ポートの部分を次のように計算する。

$$\begin{aligned}
&\oiint_S \left\{ \mathbf{E_k} \times \left(\frac{\nabla \times \mathbf{E}}{\mu_r} \right) \right\} \cdot d\mathbf{S} \\
&= \oiint_S \left\{ \mathbf{E_k} \times \left(\frac{\nabla \times \left(\mathbf{E}_u^{(+)} + \sum_{v=1}^{N_{\mathrm{mode}}} B_v \mathbf{E}_v^{(-)} \right)}{\mu_r} \right) \right\} \cdot d\mathbf{S}
\end{aligned}$$

4　高次モード N_{mode} まで考慮している。

$$= j\omega\mu_0 \left(\delta_{ku} + \sum_{v=1}^{N_{\text{mode}}} B_v \delta_{kv} \right) = \begin{cases} j\omega\mu_0(1 + B_k) & (k = u = v) \\ j\omega\mu_0 B_k & (k = v \neq u) \end{cases} \tag{A.11}$$

上のように，式 (3.2) の重み関数として，導波路ポート上ではモード関数 $\mathbf{E_k}$ で重み付けすることになり，その結果，励振モードの場合は未知数がない 1 を含み，行列方程式の右辺で励振に寄与することとなる。有限要素法の行列方程式は次のような形になる。

$$\begin{bmatrix} C_{11} & C_{12} \\ C_{21} & C_{22} \end{bmatrix} \begin{bmatrix} \{a_j\} \\ \{B_j\} \end{bmatrix} = [\text{current source}] + [\text{mode excitation}] \tag{A.12}$$

C_{11} は内部電界同士の結合，C_{12}, C_{21} は内部電界と導波路ポートのモード関数の電界との結合，C_{22} はモード関数同士の結合（直交するのだが）を意味する。右辺は電流励振と導波路モード励振による項となる。行列方程式を解くと，内部電磁界表現のための重み係数 a_j と反射波モード関数の重み係数 B_j が求まることになる。

参考文献

[1] 『磁性材料・部品の最新開発事例と応用技術』，4.3 節: 有限要素法を用いた電磁界解析技術，pp.175-184，技術情報協会, 2018.

[2] D. Sun, J. Manges, X. Yuan and Z. Cendes: Spurious modes in finite-element methods, *IEEE Antennas and Propagation Magazine*, Vol.37, No.5, pp.12-24, 1995.

[3] J.L. Volakis, A. Chatterjee, L.C. Kempel: *Finite Element Method Electromagnetics*: Antennas, Microwave Circuits, and Scattering Applications, Wiley, 1998.

[4] S. H. Wong and Z. J. Cendes: Combined finite element-modal solution of three-dimensional eddy current problems, *IEEE Trans. Magnetics*, Vol.24, No.6, pp.2685-2687, 1988.

付録 B

1次元問題による電磁界解析のための有限要素法の説明

本付録では，有限要素法の定式化に興味ある読者のために，簡単な1次元問題に対して電磁界解析のための有限要素法の定式化 [1] について説明をする。また，他の電磁界解析手法との違いを理解するために，FDTD 法，モーメント法で同じ問題を定式化する手法を説明する。

B.1　1次元問題

本付録で例として取り扱う1次元問題の解析モデルを図 B.1 に示す。電磁界は z 方向にのみ変化し，x, y 方向に一様である。$z_1 < z < z_2$ の領域のみ比誘電率は $\varepsilon_r = 4$ であり[1]，それ以外は真空である。また $z = z_s$ には，x, y 方向に無限に広がった面電流源 $\mathbf{J} = \hat{x}J_x, J_x = \delta(z - z_s)$ が流れている[2]。この面電流が放射する電界は x 方向，磁界は y 方向である。

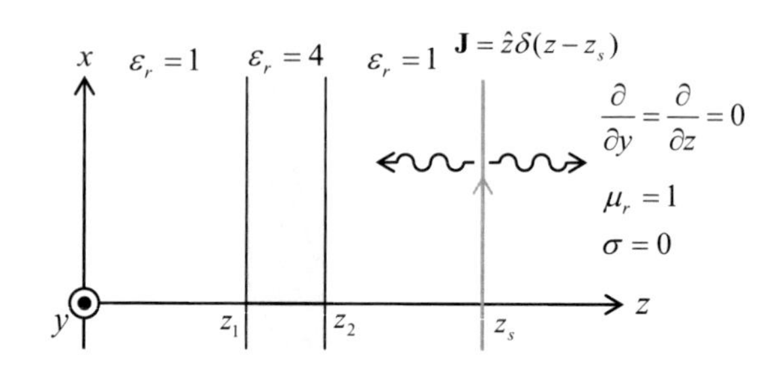

図 B.1　1 次元問題（波源と誘電体層）

まず，これから説明する4つの手法で計算した結果の比較を示す。図 B.1 において周波数 2.45GHz，自由空間波長を λ_0 として，$z_1 = 0.37\lambda_0$，$z_2 = 0.75\lambda_0$，$z_s = 1.5\lambda_0$ とした。FDTD，FDFD，FEM のメッシュサイズを $\Delta z = \lambda_0/40$ とした場合の電界分布および磁界分布を，それぞれ図 B.2，図 B.3 に示す。

全解析手法の結果はよく一致している。本解析モデルは1次元問題なので，MoM の解は厳密解と一致する。振幅分布をみると，$z_1 \leq z \leq z_s$ の範囲で定在波が生じているのがわかる。また，磁界の定在波分布では，電界とは山と谷が逆になる。FDTD 法では正弦波入射させ，100 周期後に各場所において1周期間の波形から複素フーリエ係数を計算して，複素表現を得ている。

1　ガラス SiO_2 を想定。

2　ここで，δ はディラックのデルタ関数である。

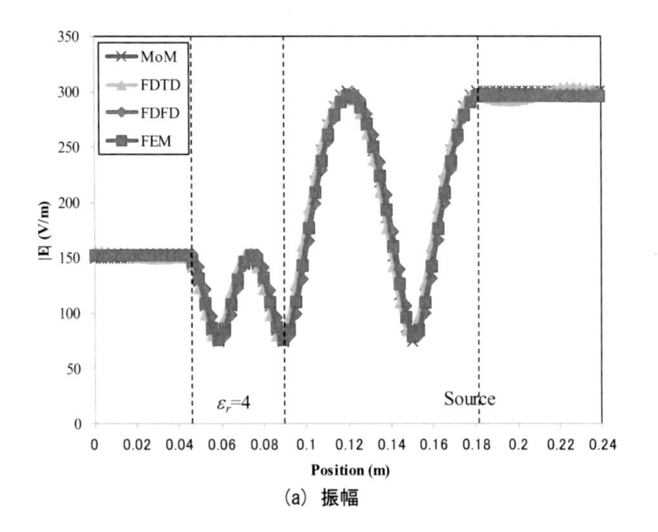

(a) 振幅

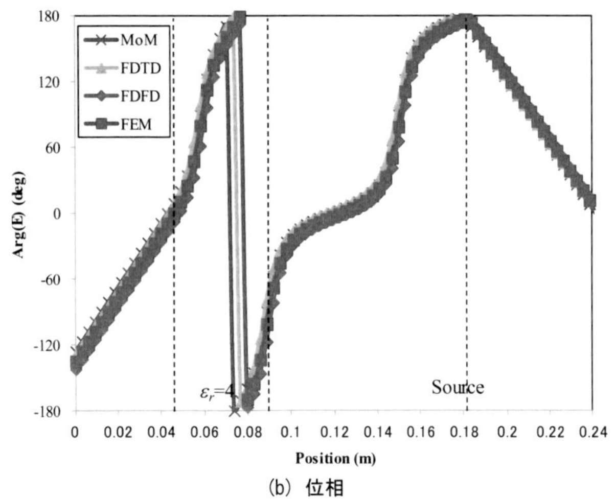

(b) 位相

図 B.2 電界分布

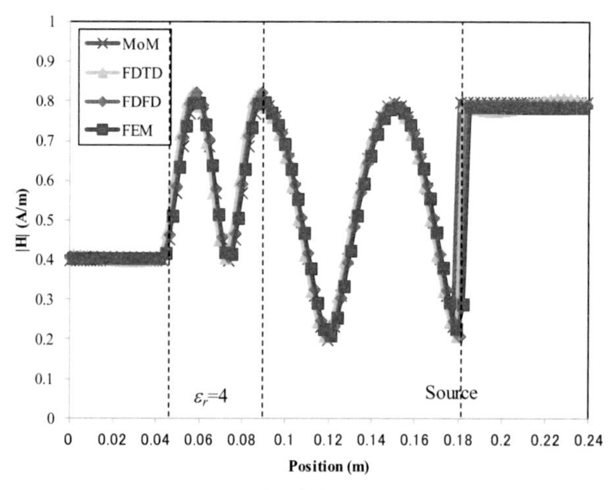

(a)　振幅

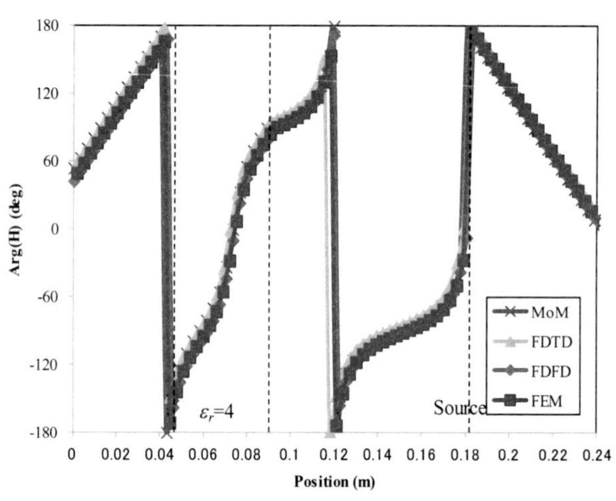

(b)　位相

図 B.3　磁界分布

B.2　有限要素法 (FEM)

B.2.1　行列方程式の導出

有限要素法の定式化は第 3 章で説明した。導出された式 (3.2)=0 を 1 次元問題に適用してみよう[3]。

$$\int_\Gamma \left[\frac{1}{\mu_r} \frac{\partial E_x}{\partial z} \frac{\partial W_x}{\partial z} - k_0{}^2 \varepsilon_r E_x W_x + jk_0 \eta_0 W_x i_x \right] dz - \left[\frac{1}{\mu_r} W_x \frac{\partial E_x}{\partial z} \right]_{z=\Gamma_l}^{z=\Gamma_r} = 0 \tag{B.1}$$

ここで，Γ は解析範囲の z, Γ_l, Γ_r はそれぞれ解析領域の左端，右端の z 座標である。

次に，図 B.4 に示すように要素 i 内の電界を

$$\mathbf{E}^i(z) = A_1^i \mathbf{e}_1^i(z) + A_2^i \mathbf{e}_2^i(z) \tag{B.2}$$

と展開する。全空間の電界は

$$\mathbf{E}(z) = \sum_{i=1}^{N_e} \mathbf{E}^i(z) = \sum_{i=1}^{N_e} \left(A_1^i \mathbf{e}_1^i(z) + A_2^i \mathbf{e}_2^i(z) \right) \tag{B.3}$$

で展開される。

電界の接線成分の境界条件より，要素境界に面電流がない場合は電界の接線成分は等しいので，$A_2^i = A_1^{i+1}$ となる。行列方程式を作成した際にこの条件を無条件で満たし，必要最小限の未知数の数となるように，図 B.5 に示すような屋根形の基底関数[4]$\mathbf{b}_n(z) = \mathbf{e}_2^{n-1}(z) + \mathbf{e}_1^n(z)$ を定義し，式 (B.3) を次のように展開しなおす[5]。

$$\mathbf{E}(z) = \sum_{n=1}^{N_{\text{basis}}} A_n \mathbf{b}_n(z) = \sum_{i=1}^{N_e} \left(A_1^i \mathbf{e}_1^i(z) + A_2^i \mathbf{e}_2^i(z) \right) \tag{B.4}$$

3　体積積分を面積分に変換する際にベクトル解析のストークスの定理を用いたが，1 次元では部分積分で変換することになる。すなわち，ストークスの定理は部分積分の高次元版ということになる。

4　ルーフトップ基底関数。

5　こうすることで未知数の数と行列方程式の次元が減る。

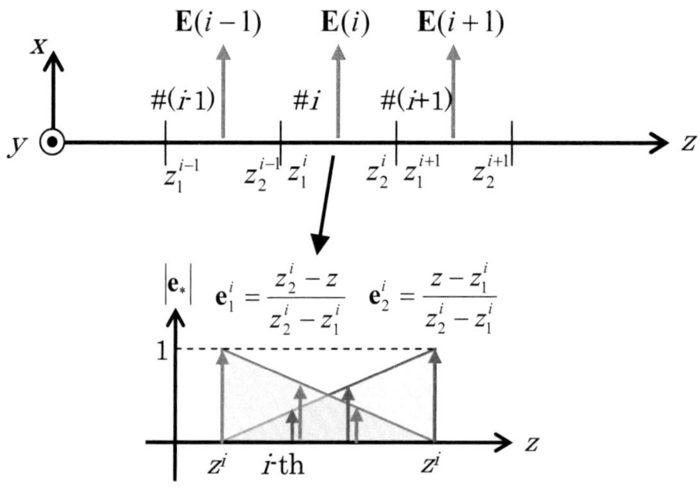

図 B.4　FEM の空間離散化と基底関数

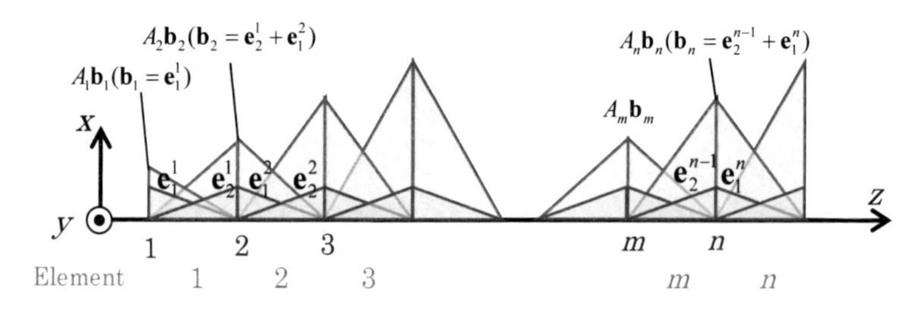

図 B.5　屋根形基底関数

ただし，両端の境界のみ，ペアとなる基底関数がないので，単独の三角形基底関数とする。式 (B.4) を式 (B.1) に代入し，$W_x = b_{mx}$ とすると次式が得られる。

$$\underbrace{\sum_{n=1}^{N_{\text{basis}}} A_n\left[\frac{1}{\mu_r}\int_\Gamma \frac{\partial b_{mx}}{\partial z}\frac{\partial b_{nx}}{\partial z}dz - k_0{}^2\varepsilon_r\int_\Gamma b_{mx}b_{nx}dz\right] - \left[\frac{1}{\mu_r(\Gamma_r)}A_n b_m(\Gamma_r)\frac{\partial b_n(\Gamma_r)}{\partial z} - \frac{1}{\mu_r(\Gamma_l)}A_n b_m(\Gamma_l)\frac{\partial b_n(\Gamma_l)}{\partial z}\right]}_{=[\text{boundary}]} = \underbrace{-jk_0\eta_0\int_\Gamma b_{mx}J_x dz}_{=[\text{source}]} \tag{B.5}$$

ここで，[boundary], [source] はそれぞれ境界条件と波源の寄与の項である。第 1 行目の積分は

$$\begin{aligned}\int_\Gamma b_{mx}b_{nx}dz &= \int_\Gamma (e_{2x}^{m-1}(z) + e_{1x}^{m}(z))(e_{2x}^{n-1}(z) + e_{1x}^{n}(z))dz \\ &= \int_\Gamma \Big[e_{2x}^{m-1}(z)e_{2x}^{n-1}(z) + e_{2x}^{m-1}(z)e_{1x}^{n}(z) \\ &+ e_{1x}^{m}(z)e_{2x}^{n-1}(z) + e_{1x}^{m}(z)e_{1x}^{n}(z)\Big]dz \\ &= \delta_{m-1,n-1}E_{22}^{m-1} + \delta_{m-1,n}E_{21}^{m-1} + \delta_{m,n-1}E_{12}^{m} + \delta_{m,n}E_{11}^{m}\end{aligned} \tag{B.6}$$

$$\begin{aligned}\int_\Gamma \frac{\partial b_{mx}}{\partial z}\frac{\partial b_{nx}}{\partial z}dz &= \int_\Gamma (\frac{\partial e_{2x}^{m-1}(z)}{\partial z} + \frac{\partial e_{1x}^{m}(z)}{\partial z})(\frac{\partial e_{2x}^{n-1}(z)}{\partial z} + \frac{\partial e_{1x}^{n}(z)}{\partial z})dz \\ &= \int_\Gamma \Big[\frac{\partial e_{2x}^{m-1}(z)}{\partial z}\frac{\partial e_{2x}^{n-1}(z)}{\partial z} + \frac{\partial e_{2x}^{m-1}(z)}{\partial z}\frac{\partial e_{1x}^{n}(z)}{\partial z} \\ &+ \frac{\partial e_{1x}^{m}(z)}{\partial z}\frac{\partial e_{2x}^{n-1}(z)}{\partial z} + \frac{\partial e_{1x}^{m}(z)}{\partial z}\frac{\partial e_{1x}^{n}(z)}{\partial z}\Big]dz \\ &= \delta_{m-1,n-1}F_{22}^{m-1} + \delta_{m-1,n}F_{21}^{m-1} + \delta_{m,n-1}F_{12}^{m} + \delta_{m,n}F_{11}^{m}\end{aligned} \tag{B.7}$$

である。ここで，$\delta_{m,n} = 1(m = n), 0(m \neq n)$ はクロネッカーのデルタである。このように，基底関数と重み関数が重なるときしか値を持たないことが，疎行列になる理由である。また，

$$E_{ij}^e = \int_\Gamma e_{ix}^e(z) e_{jx}^e(z) dz = \begin{cases} (z_2^e - z_1^e)/3 & (i = j = 1, i = j = 2) \\ (z_2^e - z_1^e)/6 & (i \neq j) \end{cases} \tag{B.8}$$

$$F_{ij}^e = \int_\Gamma \frac{\partial e_{ix}^e(z)}{\partial z} \frac{\partial e_{jx}^e(z)}{\partial z} dz = \begin{cases} 1/(z_2^e - z_1^e) & (i = j = 1, i = j = 2) \\ 1/(z_1^e - z_2^e) & (i \neq j) \end{cases} \tag{B.9}$$

となる。プログラムを作成する場合には要素番号でループさせ，要素内の行列方程式を作成して，それを系行列の要素に足してもよく，次のような構造になる。

$$\left[\sum_{e=1}^{N_e} \sum_{i,j=1}^{2} \left(\frac{1}{\mu_r} E_{ij}^e - {k_0}^2 \varepsilon_r F_{ij}^e \right) + [\text{boundary}] \right] \{A_n\} = \{\text{source}\} \tag{B.10}$$

ここで，[boundary], [source] は式 (B.5) 中のものである。

B.2.2　境界条件

ここでは，境界条件について説明する。

電気壁・磁気壁

電気壁 (PEC) の場合は，電界の接線成分は 0 で既知の値なので，その部分の基底関数の重み係数を 0 とし，未知数から除外すればよい。磁気壁 (PMC) の場合は，電界の接線成分の境界の法線方向の偏微分が 0 なので，式 (3.4) で説明したように境界成分の寄与が 0 となるだけで，何も処理する必要がない ([boundary] の項を入れる必要がない)。

インピーダンス境界

インピーダンス境界は

$$\frac{\partial E_x}{\partial z} + \alpha E_x = \beta \tag{B.11}$$

の形をしており，[boundary] の項は次式となる。

$$[\text{boundary}] = -\left[\frac{1}{\mu_r(N_e)}\left\{A_{N_\text{basis}}\frac{\partial e_{2x}^{N_e}(z_{N_e+1})}{\partial z}\right\} - \frac{1}{\mu_r(1)}\left\{A_1\frac{\partial e_{1x}^{1}(z_1)}{\partial z}\right\}\right]$$
$$= -\frac{1}{\mu_r(N_e)}A_{N_\text{basis}}(\beta_{N_e} - \alpha_{N_e}e_{2x}^{N_e}(z_{N_e+1})) + \frac{1}{\mu_r(1)}A_1(\beta_1 - \alpha_1 e_{1x}^{1}(z_1)) \tag{B.12}$$

吸収境界条件

吸収境界条件について説明する。$\pm z$ 方向に速度（波数）で進む波動（進行波，素波）は，波数を k とすると，

$$\frac{\partial E_x}{\partial z} \pm jkE_x = 0 \tag{B.13}$$

となるので，インピーダンス境界の微分方程式 (B.11) において $\alpha = \pm jk$, $\beta = 0$ とおいたものに等しいので，式 (B.12) の結果が使える。

1 次元問題では非常に精度のよい定式化になるが，2 次元, 3 次元問題では斜入射もあるので完全ではなく，3.3.2 項で説明したように，さまざまな定式化が提案されている。

B.2.3　励振

ここでは，励振について説明する。

電流源・磁流源／平面波入射

式 (B.5) 中の [source] の項が電流源である。基底関数 m 内の位置に電流源があるときに値を持つ。また，電流源がデルタ関数的に集中して分布していれば，積分を行うことなく，その場所の基底関数の値を代入するだけで評価できる。

式 (B.5) では磁流について定式化していないが，磁流 $\mathbf{m}$ も考慮して定式化すると，結局式 (1.9) の右辺の項に $-\nabla\times(\mathbf{m}/\mu_r)$ が加算されるだけである。すなわち，$\mathbf{i} \to \mathbf{i} + \nabla\times(\mathbf{m}/\mu_r)/(jk_0\eta_0)$ と置き換えれば定式化は完了する。

平面波入射の散乱問題は，3.3.3 項で説明したように，入射波から物体の存在する真空でない位置において等価的な電流・磁流を計算し，あとは

電流源・磁流源励振の問題に置き換えればよい。

導波路モード給電

導波路モード給電の定式化は，付録 A.3 のように行う。1 次元問題において，左側を導波路ポートとする場合は，A_1 の未知数を導波路モードで表現することになるので，$A_1 \to 1 + B_1$ と置き換えればよい。これにより，未知数 A_1 が反射波モードの重み B_1 に置き換わったことになる。2 次元の場合にはポートは線状なので線積分，3 次元の場合にはポートは面状なので面積分することになる。

本節で説明した 1 次元有限要素法のサンプルプログラムを B.6 節に掲載するので，参考にしていただきたい。

B.3　モーメント法

モーメント法は周波数領域の解析法であり，基本原理は界等価定理である。界等価定理によると，異なる媒質の境界[6]に等価電磁流を仮定すると，各領域は一様な媒質で満たされているとして電磁流の放射を計算できる。

この問題では，図 B.6 のように媒質境界に $\mathbf{J}_1, \mathbf{M}_1, \mathbf{J}_2, \mathbf{M}_2$ の 4 つの電流および磁流を仮定する。それらは既知の基底関数（または展開関数）に対する重み $J_{x1}, M_{y1}, J_{x2}, M_{y2}$ で，次のように表現する。

$$\mathbf{J}_1 = J_{x1}\hat{x}\delta(z - z_1) \tag{B.14}$$

$$\mathbf{M}_1 = M_{y1}\hat{y}\delta(z - z_1) \tag{B.15}$$

$$\mathbf{J}_2 = J_{x2}\hat{x}\delta(z - z_2) \tag{B.16}$$

$$\mathbf{M}_2 = M_{y2}\hat{y}\delta(z - z_2) \tag{B.17}$$

例えば，$\mathbf{J}_1$ においては $\hat{x}\delta(z - z_1)$ が基底関数であり，J_{x1} がその基底関数に対する重みである。このようにして重み係数を求めるための連立一次方程式を解く問題に帰着させている[7]。

6　同じ媒質の仮想境界でもよい。

7　これは 3 次元の解析でも同様である。

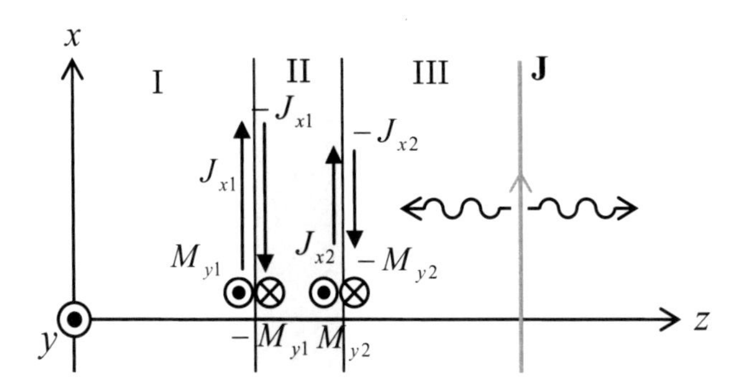

図 B.6 モーメント法の領域分割と電磁流

電界および磁界の接線成分が等しい（境界条件）こと，および境界の反対側では等価定理の法線ベクトルが逆となることにより，異符号の電磁流が流れる。このように媒質の境界面に電磁流を置くことで，複雑な媒質中の問題を一様な媒質中の問題に帰着させることができる[8]。

図 B.7 に示すように，領域 I では $\mathbf{J}_1, \mathbf{M}_1$ が真空中にあるとして放射電磁界を計算し，領域 II では $-\mathbf{J}_1, -\mathbf{M}_1, \mathbf{J}_2, \mathbf{M}_2$ がガラス中にあるとして放射電磁界を計算する。領域 III では $-\mathbf{J}_2, -\mathbf{M}_2$ および励振電流 $\mathbf{J}$ が真空にあるとして放射電磁界を計算する。

次に，面電磁流からの放射を図 B.8 に示す [1]。一般に，電磁流から電界および磁界を計算するときは積分表現となるが，そのときに電磁流に掛けて[9]畳み込みを行う関数は電磁流のインパルス応答に相当し，グリーン関数とよばれる。

4 つの等価電磁流および励振面電流源が放射する電磁界を各領域で計算し，$z = z_1, z_2$ の境界両側において電界および磁界の接線成分が等しいという方程式を立てると，次式が得られる。

8 界等価定理による。

9 ベクトル的に内積を取る。

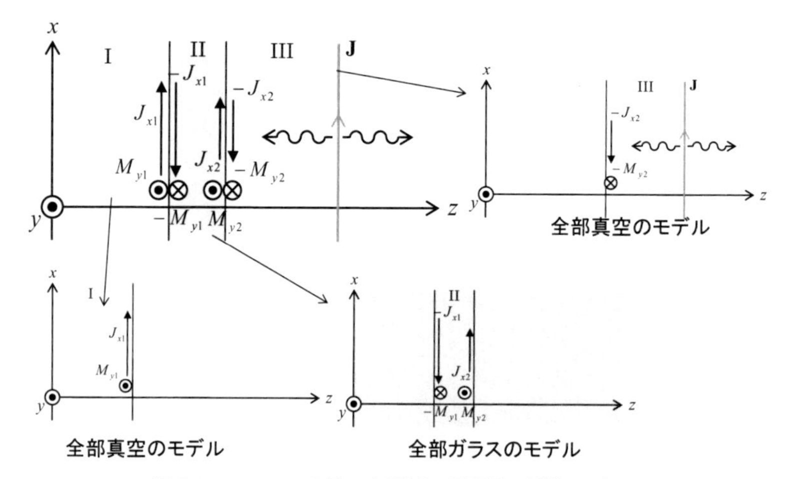

図 B.7　モーメント法の各領域の電磁界の計算モデル

$$
\begin{cases}
\mathbf{E}_t|_{z=z_1^-} = \mathbf{E}_t|_{z=z_1^+} & (z = z_1) \\
\mathbf{H}_t|_{z=z_1^-} = \mathbf{H}_t|_{z=z_1^+} & (z = z_1) \\
\mathbf{E}_t|_{z=z_2^-} = \mathbf{E}_t|_{z=z_2^+} & (z = z_2) \\
\mathbf{H}_t|_{z=z_2^-} = \mathbf{H}_t|_{z=z_2^+} & (z = z_2)
\end{cases}
\tag{B.18}
$$

ここで，$\mathbf{E}_t, \mathbf{H}_t$ の下添字 t は境界の接線 (tangential) 成分を，z_1^-, z_1^+ はそれぞれ $z = z_1$ のすぐ左側と右側を表している。同様に，z_2^-, z_2^+ はそれぞれ $z = z_2$ のすぐ左側と右側を表している。

z_1^- の電磁界は領域Iのモデルで，z_1^+ および z_2^- の電磁界は領域IIのモデルで，z_2^+ の電磁界は領域IIIのモデルで計算する。1次元問題の場合には式 (B.18) から直接連立方程式が得られるが，2次元，3次元の問題では，電磁界の接線成分の連続条件が成立すべき観測点は，境界上のすべての場所としなければならいため，境界面上で定義された任意の関数で重み付けして境界面で積分する。これは，有限要素法でも用いられた概念で，重み付き残差法といわれる。また，基底関数と同一の重み関数を用いる場合をガラーキン法という。

1次元の場合は式 (B.14) の基底関数で重み付けすると，次式のように

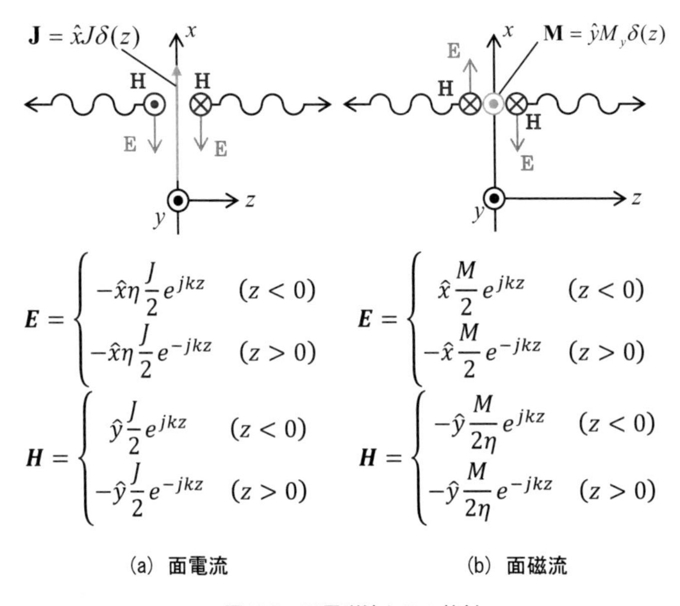

$$\boldsymbol{E}=\begin{cases}-\hat{x}\eta\dfrac{J}{2}e^{jkz} & (z<0)\\ -\hat{x}\eta\dfrac{J}{2}e^{-jkz} & (z>0)\end{cases} \qquad \boldsymbol{E}=\begin{cases}\hat{x}\dfrac{M}{2}e^{jkz} & (z<0)\\ -\hat{x}\dfrac{M}{2}e^{-jkz} & (z>0)\end{cases}$$

$$\boldsymbol{H}=\begin{cases}\hat{y}\dfrac{J}{2}e^{jkz} & (z<0)\\ -\hat{y}\dfrac{J}{2}e^{-jkz} & (z>0)\end{cases} \qquad \boldsymbol{H}=\begin{cases}-\hat{y}\dfrac{M}{2\eta}e^{jkz} & (z<0)\\ -\hat{y}\dfrac{M}{2\eta}e^{-jkz} & (z>0)\end{cases}$$

図 B.8　面電磁流からの放射

x,y 成分が抽出され，各行はスカラーの連立方程式となる。

$$\begin{cases}E_x|_{z=z_1^-}=E_x|_{z=z_1^+} & (z=z_1)\\ H_y\big|_{z=z_1^-}=H_y\big|_{z=z_1^+} & (z=z_1)\\ E_x|_{z=z_2^-}=E_x|_{z=z_2^+} & (z=z_2)\\ H_y\big|_{z=z_2^-}=H_y\big|_{z=z_2^+} & (z=z_2)\end{cases} \tag{B.19}$$

これで，未知数は 4 つ，方程式は 4 つなので，解は一意に求まる。

1 次元では積分が簡単であったが，2 次元，3 次元の問題では非常に複雑な計算となる。また，基底関数は境界面だけに配置されるものの，有限要素法と違って多くの基底関数同士が相互に結合することになる。このようにモーメント法では，FDTD 法や有限要素法と違い開放空間を表現するために吸収境界条件などの特殊な処理を用いる必要がない。

B.4　FDTD法

FDTD法は時間領域の解析法である。計算機で微分を扱えるように，マクスウェルの方程式を時間および空間の両方に対して差分化[10]して陽解法[11]で解く手法である。

図B.9に時間および空間の離散化を示す。電界と磁界の更新は半ステップずらして交互に行われる。また，電界と磁界は回転の差分計算のために空間的に半セルずれて配置されている。

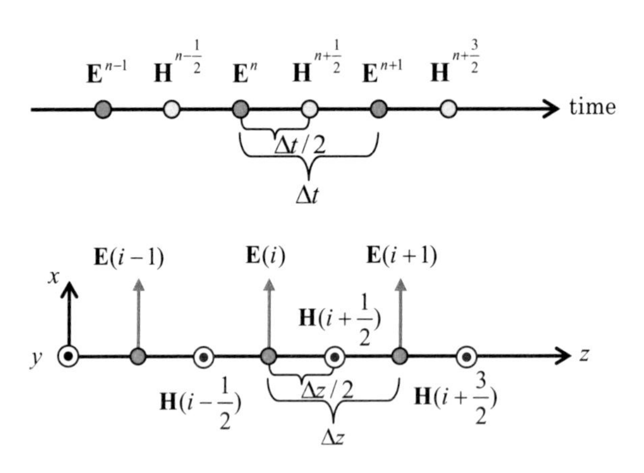

図B.9　FDTD法の時間および空間の離散化

定式化は式(1.6)の時間領域のマクスウェルの方程式から始まる。電流密度 $\mathbf{i}$ を伝導電流 $\sigma\mathbf{E}$ と励振電流 $\mathbf{i}_e$ に分解し[12]，時間変化項について整理すると，次式が得られる。

10　差分は微分とは異なり，微小だが有限な値での変化量。

11　行列方程式を解かないで漸化式を逐次計算する。

12　$\mathbf{i} = \mathbf{i}_e + \sigma\mathbf{E}$

$$\begin{cases} \dfrac{\partial \mathbf{H}}{\partial t} = -\dfrac{1}{\mu}\nabla \times \mathbf{E} \\ \dfrac{\partial \mathbf{E}}{\partial t} = \dfrac{1}{\varepsilon}\nabla \times \mathbf{H} - \dfrac{\sigma}{\varepsilon}\mathbf{E} + \dfrac{1}{\varepsilon}\mathbf{i}_e \end{cases} \tag{B.20}$$

時間間隔 Δt で時間を差分化し，式 (B.20) の $\mathbf{H}$ の時間微分を $n\Delta t$ の時間ステップで，$\mathbf{E}$ の時間微分を $(n-1/2)\Delta t$ の時間ステップで中央差分をすると，次式が得られる。

$$\begin{cases} \dfrac{\mathbf{H}^{n+1/2} - \mathbf{H}^{n-1/2}}{\Delta t} = -\dfrac{1}{\mu}\nabla \times \mathbf{E}^n \\ \dfrac{\mathbf{E}^n - \mathbf{E}^{n-1}}{\Delta t} = \dfrac{1}{\varepsilon}\nabla \times \mathbf{H}^{n-1/2} - \dfrac{\sigma}{\varepsilon}\mathbf{E}^{n-1/2} + \dfrac{1}{\varepsilon}\mathbf{i}_e^{n-1/2} \end{cases} \tag{B.21}$$

電磁界の上添え字は，時間ステップ $n\Delta t$ の Δt を除いた部分を記したものである。式 (B.21) の下式では $\mathbf{E}^{n-1/2}$ は時間配置されていないので，$\mathbf{E}^{n-1/2} \simeq (\mathbf{E}^n + \mathbf{E}^{n-1})/2$ で近似し，一番進んだ時間ステップの電磁界について解くと次式が得られる。

$$\begin{cases} \mathbf{H}^{n+1/2} = \mathbf{H}^{n-1/2} - \dfrac{\Delta t}{\mu}\nabla \times \mathbf{E}^n \\ \mathbf{E}^n = \dfrac{1 - \frac{\sigma\Delta t}{2\varepsilon}}{1 + \frac{\sigma\Delta t}{2\varepsilon}}\mathbf{E}^{n-1} + \dfrac{\frac{\Delta t}{\varepsilon}}{1 + \frac{\sigma\Delta t}{2\varepsilon}}\nabla \times \mathbf{H}^{n-1/2} - \dfrac{\frac{\Delta t}{\varepsilon}}{1 + \frac{\sigma\Delta t}{2\varepsilon}}\mathbf{i}_e^{n-1/2} \end{cases} \tag{B.22}$$

この式より，過去の電磁界の値を使って交互に電界および磁界を更新していけば，時間変化をシミュレーションできることがわかるであろう。

電磁界は時間の関数であるだけでなく位置の関数でもあるため，今度は位置の微分（回転）についても差分化しておかなければコンピュータシミュレーションができない。まず，ベクトル $\mathbf{A}$ の回転の差分表現を一般的に求めると，次のようになる。

$$
\begin{aligned}
\nabla \times \mathbf{A} &= \begin{vmatrix} \hat{x} & \hat{y} & \hat{z} \\ \partial/\partial x & \partial/\partial y & \partial/\partial z \\ A_x & A_y & A_z \end{vmatrix} \\
&= \hat{x}\left(\frac{\partial A_z}{\partial y} - \frac{\partial A_y}{\partial z}\right) - \hat{x}\left(\frac{\partial A_z}{\partial x} - \frac{\partial A_x}{\partial z}\right) + \hat{z}\left(\frac{\partial A_y}{\partial x} - \frac{\partial A_x}{\partial y}\right) \\
&\simeq \hat{x}\left\{\frac{A_z(i,j+1,k) - A_z(i,j,k)}{\Delta y} - \frac{A_y(i,j,k+1) - A_y(i,j,k)}{\Delta z}\right\} \\
&\quad - \hat{y}\left\{\frac{A_z(i+1,j,k) - A_z(i,j,k)}{\Delta x} - \frac{A_x(i,j,k+1) - A_x(i,j,k)}{\Delta z}\right\} \\
&\quad + \hat{z}\left\{\frac{A_y(i+1,j,k) - A_y(i,j,k)}{\Delta x} - \frac{A_x(i,j+1,k) - A_x(i,j,k)}{\Delta y}\right\}
\end{aligned}
\tag{B.23}
$$

式 (B.23) を用いて式 (B.22) の空間差分化を行うと，次式の更新式が得られる。

$$
\begin{cases}
H_y^{n+1/2}(i+\frac{1}{2}) = H_y^{n-1/2}(i+\frac{1}{2}) - \dfrac{\Delta t}{\mu \Delta z}\left[E_x^n(i+1) - E_x^n(i)\right] \\
E_x^n(i) = \dfrac{1-\frac{\sigma \Delta t}{2\varepsilon}}{1+\frac{\sigma \Delta t}{2\varepsilon}} E_x^{n-1}(i) \\
\qquad + \dfrac{\frac{\Delta t}{\varepsilon}}{1+\frac{\sigma \Delta t}{2\varepsilon}} \dfrac{1}{\Delta z}\left[-H_y^{n-1/2}(i+\frac{1}{2}) + H_y^{n-1/2}(i-\frac{1}{2})\right] \\
\qquad - \dfrac{\frac{\Delta t}{\varepsilon}}{1+\frac{\sigma \Delta t}{2\varepsilon}} i_{ex}^{n-1/2}(i)
\end{cases}
\tag{B.24}
$$

式 (B.24) では，全位置 i について電界を更新し，次に時間を半ステップ進めて磁界を更新し，さらに時間を半ステップ進めて同様に電界を更新し……と繰り返すことになる。行列方程式を解く必要がないのでプログラムは簡単であるが，時間ステップには

$$
v\Delta t \leq \Delta z \tag{B.25}
$$

の制約があり，時間ステップは任意に大きく取ることができないことに注意する。ここで，v は媒質中の電磁波の速度であり，いろいろな媒質があるときは一番速い媒質に制約を受ける。式 (B.25) の条

件を満たさなければ，時間ステップを進めると数値的に発散[13]してしまう。この時間ステップの制約条件は，提唱者の名前を取って CFL (Courant-Friedrichs-Lewy) 条件 [2] といわれる。CFL 条件を満たす最大時間ステップで規格化した時間ステップは CFL 数といわれ，通常の FDTD 法では時間ステップは 1 CFL 数以下にしなければならない。詳細は割愛するが，CFL 条件は，無損失[14]において，時間ステップを次のように 1 ステップ前と後の状態変化を表す遷移行列で表現する。

$$\begin{bmatrix} \mathbf{E}^{n} \\ \mathbf{H}^{n+1/2} \end{bmatrix} = \begin{bmatrix} I & \frac{\Delta t}{\varepsilon}\nabla\times \\ \frac{\Delta t}{\mu}\nabla\times & \left(I - \frac{\Delta t}{\mu}\frac{\Delta t}{\varepsilon}\nabla\times\nabla\times\right) \end{bmatrix} \begin{bmatrix} \mathbf{E}^{n-1} \\ \mathbf{H}^{n-1/2} \end{bmatrix} \tag{B.26}$$

そして，遷移行列の固有値が 1 を超えない[15]という条件から求める。

FDTD 法はこのように任意の時間波形を入射させることができるので，パルスを印加して散乱波の時間波形を得て，それをフーリエ変換して広い帯域の周波数特性を得ることができる。単一周波数を印加して解析を行うこともできるが，定常状態に達するまで時間ステップを進めなければならない。

次に，境界条件の処理について説明する。電気壁 (PEC) の場合には電界の接線成分が 0 になるので，電界を更新した直後に電界の接線成分を 0 と書き換える。磁気壁 (PMC) の場合は磁界の接線成分が 0 になるので，磁界を更新した直後に磁界の接線成分を 0 に書き換える。放射境界条件[16]は，進行波の条件を満たす波動方程式 $E_x = E_x(z + ct)$，$\dfrac{\partial E_x}{\partial z} - \dfrac{1}{c}\dfrac{\partial E_x}{\partial t} = 0$ から導出した式を用いる方法があり，Mur1 次の吸収境界条件といわれる。

$$E_x^{n+1}(i) = E_x^{n}(i+1) + \frac{c\Delta t - \Delta z}{c\Delta t + \Delta z}\left[E_x^{n+1}(i+1) - E_x^{n}(i)\right] \tag{B.27}$$

磁界も同様の形となるが，電界と磁界は独立ではないので，電界あるいは磁界のどちらかに対して境界条件の処理を適用すればよい。

13　∞ に向かうこと。

14　発散に対して一番厳しい条件。

15　行列を何度も掛けることは，固有ベクトルは固有値倍されていくので，最大固有値の絶対値が 1 を超えると数値的に発散する。

16　左が吸収境界の場合。

B.5　FDFD 法

FDFD(Finite-Difference Frequency-Domain) 法 [3] では FDTD 法と同様の空間メッシュ分割を用いるが，周波数領域で行列方程式を解く手法である。式 (B.20) で $\partial/\partial t = j\omega$ とおいて，空間を FDTD 法と同様に差分化すると，次式が得られる。

$$\begin{cases} E_x(i+1) - E_x(i) + j\omega\mu\delta z H_y(i) = 0 \\ -j\omega\varepsilon\delta z E_x(i) - H_y(i) + H_y(i-1) = \delta z i_{ex}(i) \end{cases} \tag{B.28}$$

次に，吸収境界条件の方程式を導出する。$+z$ 方向に速度 c で進む波動は $\dfrac{\partial E_x}{\partial z} + \dfrac{1}{c}\dfrac{\partial E_x}{\partial t} = 0$ を満たす。これを差分化すると，

$$(j\omega\Delta z - 2c)E_x(i) + (j\omega\Delta z + 2c)E_x(i+1) = 0 \tag{B.29}$$

となる。磁界も同様なので

$$(j\omega\Delta z - 2c)H_y(i-1/2) + (j\omega\Delta z + 2c)H_y(i+1/2) = 0 \tag{B.30}$$

となる。$-z$ 方向に進む波を吸収したい場合は，式 (B.29)，式 (B.30) において $c \to -c$ と置き換えればよい。これらの式を連立させると，次のような行列方程式が得られる。

$$\begin{bmatrix} \circ & \circ \\ \circ & \circ \end{bmatrix} \begin{bmatrix} \{E_x\} \\ \{H_y\} \end{bmatrix} = \begin{bmatrix} \{0\} \\ \{i_{ex}\} \end{bmatrix} \tag{B.31}$$

上式を解くと周波数領域で空間の電磁界が求まる。行列サイズは非常に大きいが，非常に疎な行列でもあり，疎行列に特化したソルバーを使うことができる。

B.6　有限要素法のプログラムサンプルコード

以下に，B.2 節で説明した 1 次元有限要素法解析の MALAB のサンプルプログラムを紹介するので，参考にしていただきたい。動作確認環境は MATLAB R2019a である。

```
%%%%%%%%%%%%%%%%%%%%%%%%%%%%%%%%%%%%%%%%%%%%%%%%%%%%%%%%%%%%%%%%%%%%%%%%%%%%%%%%
% 1次元有限要素法解析プログラム
%%%%%%%%%%%%%%%%%%%%%%%%%%%%%%%%%%%%%%%%%%%%%%%%%%%%%%%%%%%%%%%%%%%%%%%%%%%%%%%%
function fem_1d
    % メイン関数の下部にあるサブルーチンで使えるように定義
    % 綺麗な汎用性の高いプログラムを組み場合は隠蔽して
    % オブジェクト指向にした方がいいのだが。
    global n_zs nelem glob_edge_no pos_z;

    ci=complex(0,1);            % 虚数単位
    c=2.99792458e8;             % 光速

    f=2.45e9;                   % 周波数
    w=2*pi*f;                   % 角周波数
    lambda0=c/f;                % 波長
    k0=2*pi/lambda0;            % 波数
    eps0=8.854e-12;             % 真空の誘電率
    mu0=4*pi*1e-7;              % 真空の透磁率
    eta0=sqrt(mu0/eps0);        % 真空の波動インピーダンス

    len_z=2*lambda0;            % 波長単位での解析領域の長さ
    dz=lambda0/40;              % メッシュのサイズ
    nz=ceil(len_z/dz);          % メッシュ（セル）数
    nelem=nz;                   % のエレメント（要素）数FEM

    % 電界，磁界メモリの初期化：nz＋1行，列の初期値の配列を確保10
    ex=zeros(nz+1,1);
    hy=zeros(nz+1,1);

    % 媒質の設定：各エレメントの電気定数を設定する
    % 本来は，各セルごとに設定するとメモリが無駄になるので媒質番号を設定し，
    % 各セルには媒質番号を参照させた方がよい。
    er=ones(nz+1,1);            % εr
    mur=ones(nz+1,1);           % μr
    sig=zeros(nz+1,1);          % σ

    % 構造のモデル化
    n_z1=round(0.37*lambda0/dz);    % ガラスの左端のエレメント番号
    n_z2=round(0.75*lambda0/dz);    % ガラスの右端のエレメント番号
    n_zs=round(1.50*lambda0/dz);    % 波源位置のエレメント番号
    for i=n_z1:n_z2
        er(i)=4;    % ガラスを想定した比誘電率（上書き更新）
    end

    % テーブルを作成する
    % 要素番号ローカルエッジ番号→グローバルエッジ番号，
    glob_edge_no=zeros(nz+1);
    for i=1:nelem
        glob_edge_no(i,1)=i;
        glob_edge_no(i,2)=i+1;
    end

    % グローバルエッジ番号からそのz座標を返す関数の定義
```

```
pos_z=@(no_g_edge) dz.*(no_g_edge-1);

A=zeros(nz+1);
B=zeros(nz+1,1);
% 系行列を作成する
% エレメントごとにループし，それを全体の系行列に埋め込む
% この手法は工夫がないが，実用的には疎行列の性質を利用して反復解法を用いる
for i=1:nelem
    elem_matrix(1,1)=(1./mur(i)).*emn(i,1,1)-k0^2.*er(i).*fmn(i,1,1);
    elem_matrix(1,2)=(1./mur(i)).*emn(i,1,2)-k0^2.*er(i).*fmn(i,1,2);
    elem_matrix(2,1)=(1./mur(i)).*emn(i,2,1)-k0^2.*er(i).*fmn(i,2,1);
    elem_matrix(2,2)=(1./mur(i)).*emn(i,2,2)-k0^2.*er(i).*fmn(i,2,2);

    elem_vector(1)=-ci.*k0.*eta0.*ecur(i)./2;
    elem_vector(2)=-ci.*k0.*eta0.*ecur(i)./2;
    % 系行列に組み込む（... はで次の行に続くという意味）MATLAB
    A(glob_edge_no(i,1),glob_edge_no(i,1))= ...
        A(glob_edge_no(i,1),glob_edge_no(i,1))+elem_matrix(1,1);
    A(glob_edge_no(i,1),glob_edge_no(i,2))= ...
        A(glob_edge_no(i,1),glob_edge_no(i,2))+elem_matrix(1,2);
    A(glob_edge_no(i,2),glob_edge_no(i,1))= ...
        A(glob_edge_no(i,2),glob_edge_no(i,1))+elem_matrix(2,1);
    A(glob_edge_no(i,2),glob_edge_no(i,2))= ...
        A(glob_edge_no(i,2),glob_edge_no(i,2))+elem_matrix(2,2);
    B(glob_edge_no(i,1))=B(glob_edge_no(i,1))+elem_vector(1);
    B(glob_edge_no(i,2))=B(glob_edge_no(i,2))+elem_vector(2);
end
% 吸収境界条件の処理
A(glob_edge_no(1,1),glob_edge_no(1,1))= ...
    A(glob_edge_no(1,1),glob_edge_no(1,1))...
    +(ci*k0*sqrt(mur(1)*er(1))/mur(1));          % 左側の壁
A(glob_edge_no(nelem,2),glob_edge_no(nelem,2))= ...
    A(glob_edge_no(nelem,2),glob_edge_no(nelem,2)) ...
    +(ci*k0*sqrt(mur(nelem)*er(nelem))/mur(nelem));          % 右側の壁

% 境界条件PEC 行列・ベクトルサイズの変更()
% 左
% A(:,1)=[];   % 第1列を取り除く
% A(1,:)=[];   % 第1行を取り除く
% B(1)=[];     % 第1要素を取り除く
% 右
% A(:,nz)=[];  % 第nz列を取り除く
% A(nz,:)=[];  % 第nz行を取り除く
% B(nz)=[];    % 第nz要素を取り除く

% 行列方程式を解く
efield_vector=A\B;

% 磁界を計算する
hfield_vector=zeros(nz,1);
for i=2:nz-1
    hfield_vector(i)=-(1/(ci*w*mur(i)*mu0)) ...
                    *(efield_vector(i+1)-efield_vector(i))/dz;
```

```
    end

    % グラフ出力
    pos_z_vector=dz*[0:nelem];
    plot(pos_z_vector,abs(efield_vector));
    rectangle('Position',[n_z1*dz,0,n_z2*dz,max(abs(efield_vector))], ...
              'EdgeColor','cyan');

    figure;
    plot(pos_z_vector(2:nz-1),abs(hfield_vector(2:nz-1)));
    rectangle('Position',[n_z1*dz,0,n_z2*dz,max(abs(hfield_vector))], ...
              'EdgeColor','cyan');

    % ファイルに出力CSV
    csvwrite('pos_z.dat',pos_z_vector);
    csvwrite('e_field.dat',efield_vector);
end

%%%%%%%%%%%%%%%%%%%%%%%%%%%%%%%%%%%%%%%%%%%%%%%%%%%%%%%%%%%%%%%%%%%%%%%%%%%%
% サブルーチン
%%%%%%%%%%%%%%%%%%%%%%%%%%%%%%%%%%%%%%%%%%%%%%%%%%%%%%%%%%%%%%%%%%%%%%%%%%%%
% エレメント番号を入力して，励振されていたら1を返す。
function y=ecur(elem)
    global n_zs nelem glob_edge_no pos_z;

    if(elem==n_zs)
        y=1;
    else
        y=0;
    end;
end

% 2つの基底関数の積の積分(E_{ij})
function y=emn(elem,m,n)
    global n_zs nelem glob_edge_no pos_z;

    if(m==n)
        y=1./(pos_z(glob_edge_no(elem,2))-pos_z(glob_edge_no(elem,1)));
    else
        y=1./(pos_z(glob_edge_no(elem,1))-pos_z(glob_edge_no(elem,2)));
    end;
end

% 2つの基底関数の微分の積の積分(F_{ij})
function y=fmn(elem,m,n)
    global n_zs nelem glob_edge_no pos_z;

    if(m==n)
        y=(pos_z(glob_edge_no(elem,2))-pos_z(glob_edge_no(elem,1)))./3;
    else
        y=(pos_z(glob_edge_no(elem,2))-pos_z(glob_edge_no(elem,1)))./6;
    end;
end
```

参考文献

[1] 平野拓一：電磁界シミュレーションの概要と基礎原理—簡単な 1 次元問題による説明—，2013 Microwave Workshops & Exhibition (MWE 2013)，ワークショップ基礎講座 02, 2013 年 11 月 28 日.

[2] R. Courant, K. Friedrichs and H. Lewy: On the Partial Difference Equations of Mathematical Physics, IBM Journal of Research and Development, Vol. 11, No. 2, pp. 215-234, 1967.

[3] V. Demir, E. Alkan, A.Z. Elsherbeni, E. Arvas: An Algorithm for Efficient Solution of Finite-Difference Frequency-Domain (FDFD) Methods [EM Programmer's Notebook], *IEEE Antennas and Propagation Magazine*, Vol.51, No.6, pp.143-150, 2009.

索引

さ

た

な

は

ま

や

ら

著者紹介

平野 拓一（ひらの たくいち）

東京都市大学　理工学部　電気電子通信工学科　准教授
博士（工学）

1998年名古屋工業大学工学部卒。
2000年東京工業大学大学院理工学研究科修士課程卒。
2002年東京工業大学助手。2007年同助教。2018年より現職。

専門は，電磁界シミュレーション，アンテナ・マイクロ波工学，無線通信工学。著書に『高周波対応部材の開発動向と5G、ミリ波レーダーへの応用』（共著，技術情報協会，2019），『磁性材料・部品の最新開発事例と応用技術』（共著，技術情報協会，2018），『電磁気学』（共著，培風館，2009），『アンテナ・無線ハンドブック』（共著，オーム社，2006）がある。

個人ホームページ: http://www.takuichi.net/

◎本書スタッフ
マネージャー：大塚 浩昭
編集長：石井 沙知
組版協力：上ヶ市 実央
表紙デザイン：tplot.inc 中沢 岳志
技術開発・システム支援：インプレス NextPublishing

●本書は『有限要素法による電磁界シミュレーション』（ISBN：9784764960121）にカバーをつけたものです。

●本書の内容についてのお問い合わせ先
近代科学社Digital　メール窓口
kdd-info@kindaikagaku.co.jp
件名に「『本書名』問い合わせ係」と明記してお送りください。
電話やFAX，郵便でのご質問にはお答えできません。返信までには，しばらくお時間をいただく場合があります。なお，本書の範囲を超えるご質問にはお答えしかねますので，あらかじめご了承ください。

有限要素法による
電磁界シミュレーション
マイクロ波回路・アンテナ設計・EMC対策

2024年1月31日　初版発行Ver.1.0

著　者　平野 拓一
発行人　大塚 浩昭
発　行　近代科学社Digital
販　売　株式会社 近代科学社
〒101-0051
東京都千代田区神田神保町1丁目105番地
https://www.kindaikagaku.co.jp

印刷・製本　京葉流通倉庫株式会社
Printed in Japan

ISBN978-4-7649-0682-2